Aufgaben zum Skriptum Informatik

André Spiegel
Universität Stuttgart

Prof. Dr. Jochen Ludewig
Universität Stuttgart

Prof. Dr. Hans-Jürgen Appelrath
Universität Oldenburg

 B. G. Teubner Stuttgart    Verlag der Fachvereine Zürich

Die Deutsche Bibliothek – CIP-Einheitsaufnahme

Spiegel, André:
Aufgaben zum Skriptum Informatik / André Spiegel ; Jochen
Ludewig ; Hans-Jürgen Appelrath. – Stuttgart : Teubner ;
Zürich : Verl. der Fachvereine, 1992
ISBN 978-3-519-02155-1   ISBN 978-3-322-94691-1 (eBook)
DOI 10.1007/978-3-322-94691-1

NE: Ludewig, Jochen:; Appelrath, Hans-Jürgen:; Appelrath, Hans-
Jürgen: Skriptum Informatik

Umschlaggestaltung: Fred Gächter, Oberegg, Schweiz

Vorwort

Dieses Buch enthält eine Sammlung von Aufgaben, wie sie typischerweise in Übungen und Prüfungen zur Einführungsvorlesung in die Informatik gestellt werden. Es ist speziell abgestimmt auf das bereits erschienene Lehrbuch von Appelrath und Ludewig[1] (im Rest des Buches kurz "Skriptum" genannt) und soll dem Lernenden helfen, den umfangreichen Stoff aktiv aufzuarbeiten. Der beste Weg dazu ist, die neuen Konzepte und Vorgehensweisen selbst anzuwenden.

Bei der Auswahl und Überarbeitung der Aufgaben wurde besonders auf eine genaue Orientierung am Skriptum geachtet, angefangen bei vordergründigen Dingen wie dem Layout und der Reihenfolge der Themen bis hin zu den verwendeten Begriffen und dem Umfang des Stoffes. Das Skriptum wird hier durch Aufgaben illustriert; nicht mehr und kaum weniger als der Stoff des Skriptums wird vorausgesetzt. Dieser Übungsband sollte damit jedem, der sich den Inhalt des Skriptums aneignen will, eine wertvolle Hilfe sein, sei es zum reinen Selbststudium, als Begleitung einer Vorlesung oder zum "Pauken" vor der Prüfung.

Dieses Buch kann *nicht* die üblichen vorlesungsbegleitenden Übungen ersetzen. Das Lernen in der Gemeinschaft bietet in vieler Hinsicht Möglichkeiten, die ein Buch nicht bieten kann, vor allem Antwort auf Einzelfragen und die gezielte Hilfe bei Verständnisschwierigkeiten.

Ebensowenig kann und soll dieses Buch "die Praxis" darstellen und einüben. Der Leser muß sich darüber im Klaren sein, daß die Aufgaben kaum mehr als Sandkastenspiele sind, verglichen mit der tatsächlichen Berufspraxis eines Informatikers. Dennoch sollen die Aufgaben zur Praxis *hinführen*, indem sie mit Arbeitstechniken vertraut machen, die in den größeren Projekten der Realität sinnvoll angewendet werden können. Der Leser sollte sich deshalb bemühen, die Aufgaben *sauber* zu lösen, so an sie heranzugehen, als handelte es sich um Komponenten eines größeren Software–Systems. Sauberes Arbeiten ist nicht nur für die spätere Praxis wichtig — es macht auch mehr Spaß.

Die Aufgaben stammen zum größten Teil aus Übungen zu Vorlesungen, die an der ETH Zürich und den Universitäten Stuttgart, Oldenburg und Kaiserslautern gehalten wurden. Wir danken an dieser Stelle besonders Professor Theo Härder, Universität Kaiserslautern, für das reichhaltige Aufgabenmaterial aus seiner Einführungs-

---

[1]H.–J. Appelrath, J. Ludewig: "Skriptum Informatik — eine konventionelle Einführung", Verlag der Fachvereine, Zürich, und Teubner, Stuttgart, 1991.

vorlesung, ebenso den vielen Mitarbeitern und Studenten, auf deren Anregungen zahlreiche Aufgaben zurückgehen.

Für dieses Buch wurden aus den vorliegenden Aufgaben die passendsten ausgewählt, wo nötig neue erstellt, überarbeitet und mit Beispiellösungen versehen. Herr cand.–inform. Gerhard Möller, Universität Oldenburg, hat die große Arbeit, alle Aufgaben kritisch zu bearbeiten und gegen das Skriptum zu prüfen, mit großem Einsatz bewältigt und damit viele Verbesserungen und Ergänzungen angeregt. Von ihm stammen ebenfalls die Idee der "Tips", die Aufgabentabelle und der Index. Dafür danken die drei Autoren herzlich.

André Spiegel, Jochen Ludewig und Hans–Jürgen Appelrath

Stuttgart und Oldenburg, im März 1992

Inhaltsverzeichnis

6

Zum Gebrauch dieses Buches

Die Aufgaben folgen in Inhalt und Reihenfolge den Kapiteln und Abschnitten des Skriptums. Sie sind kapitelweise fortlaufend numeriert.

Am rechten Rand ist jeweils der genaue Abschnitt angegeben, auf den sich die Aufgabe bezieht, gegebenenfalls sind es auch mehrere Abschnitte.

Beispiel:

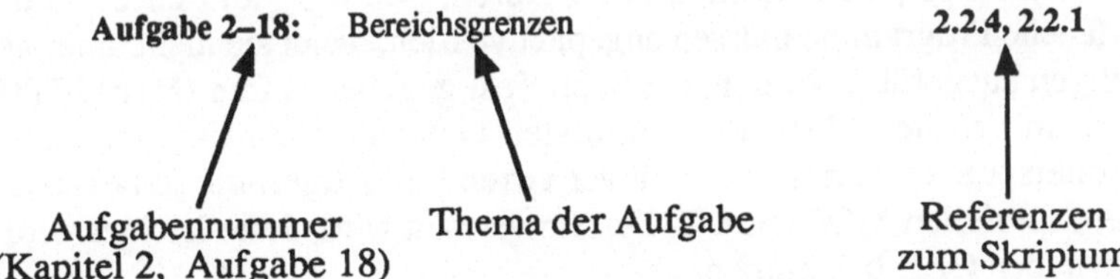

Über die Aufgabentabelle und den Index am Ende des Buches lassen sich leicht Aufgaben zu bestimmten Themengebieten auffinden.

Zu den meisten Aufgaben gibt es im letzten Kapitel des Buches ausführlich kommentierte *Lösungen*. Dort kann man nachschlagen, wenn eine eigene Lösung nicht gelingt. Oft fehlt aber nur die Lösungsidee. Das vorletzte Kapitel enthält darum zu vielen Aufgaben *Tips*, die den Leser gegebenenfalls auf die richtige Spur bringen sollen. Nur bei solchen Aufgaben, deren Antwort explizit im Skriptum nachgelesen werden kann, wurde auf Tip und Lösung verzichtet.

Welche Art von Lösung es gibt, ist jeweils unter der Aufgabe durch die folgenden Symbole dargestellt:

L   Zu dieser Aufgabe gibt es eine *Lösung*.

T   Zu dieser Aufgabe gibt es einen *Tip*.

S   Die Antwort auf diese Frage steht explizit im *Skriptum*.

Wir möchten hier ausdrücklich betonen, daß die hinten im Buch angegebenen Lösungen nur *Beispiellösungen* sind. In aller Regel gibt es viele verschiedene Wege, an eine Aufgabe heranzugehen. Es sei jedem Leser sogar dringend empfohlen, die Lösungen mehr als Vorschlag zu betrachten und selber andere und bessere zu suchen. Man wird so einen weit größeren Nutzen aus dem Buch ziehen.

Zum Schwierigkeitsgrad der Aufgaben: Autoren können kaum erraten, wer was als wie schwierig empfindet. Wir haben uns von der Erfahrung leiten lassen, daß man einen unbekannten Stoff am ehesten beherrschen lernt, wenn man Aufgaben bearbeitet, mit denen man auch fertig wird. Es ist besser, fünf relativ leichte Probleme zu lösen, als sich an einem einzigen extrem schwierigen die Zähne auszubeißen. Wir haben deshalb durchweg "machbare" Aufgaben ausgewählt. Wo es nach unserer Meinung knifflig wird, haben wir ein kursives *schwierig* dazugesetzt; niemand sollte verzweifeln, wenn er an diesen Stellen nicht weiterkommt.

Ein wichtiger Hinweis noch zur Arbeit am eigenen Rechner: Bestimmte Teile der Sprache MODULA–2 sind nicht so scharf definiert, wie man es sich als Verfasser eines Lehrbuchs wünscht. Es ist daher unmöglich, in einem Übungsband Programme anzugeben, die auf jedem Computer so laufen, wie die Autoren es sich gedacht haben. Manche Programme müssen angepaßt werden, wenn sie nicht unter genau den Bedingungen ausgeführt werden, die beim Test gegeben waren (MacMETH 2.5 auf Macintosh mit System 7.0). Bei den ersten Gehversuchen in einer unbekannten Programmiersprache ist das natürlich verwirrend und ärgerlich; je besser der Leser mit seinem speziellen MODULA–2–System vertraut wird, desto leichter wird er diese Probleme in den Griff bekommen.

Damit der Text übersichtlich bleibt, werden in den Lösungen meistens nur die wesentlichen Teile der Programme gezeigt. Die vollständigen Programme stellen wir aber gern zur Verfügung. Bitten schicken Sie eine formatierte Diskette[1] und einen Zehnmarkschein zur Deckung der Kosten in robuster Verpackung (auch für die Rücksendung) an die unten angegebene Adresse.

Hinweise auf Fehler und andere Mängel werden ebenfalls gern entgegengenommen.

Prof. Dr. Jochen Ludewig
Institut für Informatik
Breitwiesenstraße 20–22
7000 Stuttgart 80

e–mail: ludewig@informatik.uni-stuttgart.de

---

[1]Mac oder MS–DOS

Aufgaben

1. Grundlagen

1.1 Algorithmus und Berechenbarkeit

Aufgabe 1–1:   Beschreibung eines Algorithmus   **1.1.1**

Beschreiben Sie den folgenden Ablauf:

Gang zur Telefonzelle, um Person X mit Nummer Y anzurufen und ihr mitzuteilen: "Dein Paket ist angekommen". Der Ausgangspunkt ist 10 m von der Telefonzelle entfernt. In der Tasche sind drei 10–Pfennig–Stücke und ein Zettel mit X und Y.

Beschreibungsebenen:

a) Normalfall, keine Probleme.
b) Mit Berücksichtigung einiger gängiger Probleme (z.B. Münze fällt durch, X meldet sich nicht).
c) Mit Berücksichtigung seltener Probleme (z.B. Kabine geschlossen, Autounfall in der Nähe).

$\boxed{\text{T}}\,\boxed{\text{L}}$

Aufgabe 1–2:   Algorithmus   **1.1.1**

Vergleichen Sie die von einem Algorithmus geforderten Eigenschaften mit den Erwartungen, die man an die Formulierung eines Rezepts in einem Kochbuch stellt. Verwenden Sie die im Skriptum in Abschnitt 1.1.1 eingeführten Begriffe.

$\boxed{\text{L}}$

Aufgabe 1–3:   Turing–Maschinen   **1.1.2**

Aus welchen Komponenten ist eine Turing–Maschine aufgebaut? Welche Funktion haben diese?

$\boxed{\text{S}}$

Aufgabe 1–4:   Turing–Maschine für f: $f(n)=2n$ 1.1.2

Geben Sie eine Turing–Maschine an, die für alle natürlichen Zahlen $n \geq 1$ die Funktion f mit $f(n) = 2n$ berechnet, wobei das Eingabewort n durch n direkt aufeinanderfolgende Zeichen a auf dem Band codiert ist. Die TM befinde sich zu Anfang über dem am weitesten links stehenden Zeichen des Eingabewortes. Verwenden Sie gegebenenfalls ein größeres Bandalphabet.

Aufgabe 1–5:   Turing–Maschine   1.1.2

Geben Sie eine Turing–Maschine an, die über einer Eingabe der Form $a^n b^m$ mit $n, m \geq 1$ (also zuerst n Zeichen a, dann m Zeichen b) arbeitet. Die TM soll dann und nur dann korrekt terminieren, wenn $n = m$ ist. Sie darf ihre Eingabe während der Berechnung überschreiben.

Aufgabe 1–6:   Entschlüsseln eines TM–Programms   1.1.2

Die Darstellung der Übergangstabelle einer Turing–Maschine ist oft kaum ausreichend, um ihre Funktion zu verstehen. Der Leser hat es hier noch schwerer als bei Computerprogrammen. Eine ausführliche Erklärung ist daher immer erforderlich. In dieser Aufgabe sollen Sie die Funktion einer nicht kommentierten TM T herausfinden.

Sei $T = (\ \{a, z\},\ \{a\},\ \{q0, q1, q2\},\ q0,\ \Delta\ )$ und Δ definiert durch:

q	t	$\Delta(q,t)$		
q0	z	q0	a	H
q0	a	q1	a	R
q1	a	q2	a	R
q2	a	q1	a	R
q2	z	q2	a	H

Die Eingabe besteht aus einer beliebigen Anzahl aufeinanderfolgender a's auf dem Band, die in der bekannten Weise als die Darstellung einer natürlichen Zahl n interpretiert werden. Welche Funktion von n wird durch T berechnet?

L

Aufgabe 1–7:   Nicht berechenbare Funktionen   1.1.3

Was bedeutet es, wenn eine Funktion nicht berechenbar ist? Sind ungelöste Probleme der Mathematik, wie zum Beispiel die Frage, ob es $a, b, c, n \in \mathbb{N}$ und $n > 2$ gibt, so daß $a^n + b^n = c^n$ gilt, eventuell nicht berechenbar?

$\boxed{\text{L}}$

1.2   Sprache und Grammatik

Aufgabe 1–8:   Programmiersprachen   1.2.1

Was unterscheidet Programmiersprachen von natürlichen Sprachen?

$\boxed{\text{S}}$

Aufgabe 1–9:   Binärbrüche   1.2.1

Binärbrüche seien definiert als Sequenzen von "0" und "1", worin genau ein Dezimal-punkt vorkommt. Vor den Brüchen darf ein Minus–Zeichen stehen. Leerzeichen sind im Binärbruch nur direkt hinter dem Minus zugelassen.

Prüfen Sie die Syntax und ermitteln Sie, falls möglich, die Semantik (Dezimal-darstellung) der folgenden, jeweils in Schrägstriche eingeschlossenen Binärbrüche:

/–1.00000/   /+0.1/   /1001/   /–   0.011/   /   110./   /–110.   /

$\boxed{\text{L}}$

Aufgabe 1–10:   Grammatik   1.2.2

Geben Sie eine kontextfreie Grammatik G an, für die gilt:

$$L(G) = \{w \mid w = a^n b^n, n \geq 0\}.$$

Die Wörter der Sprache beginnen also mit einer beliebigen Anzahl a's, auf die dieselbe Anzahl b's folgt.

$\boxed{\text{L}}$

Aufgabe 1–11:   Analyse einer Grammatik   **1.2.2**

a) Gegeben ist die Grammatik $G = (N, T, P, S)$ mit

$$
\begin{aligned}
N \;=\;& \{ \text{ S, A, B, C, D } \}, \\
T \;=\;& \{ \text{ true, false, } x_1, x_2, x_3, \text{ not, or, and, }(,)\ \} \text{ und} \\
P \;=\;& \{ \ S \to B, \ \ S \to B \text{ and } C, \ \ S \to B \text{ or } D, \\
& \quad C \to B, \ \ C \to B \text{ and } C, \\
& \quad D \to B, \ \ D \to B \text{ or } D, \\
& \quad B \to A, \ \ B \to \text{not } A, \\
& \quad A \to \text{false}, \ A \to \text{true}, \\
& \quad A \to x_1, A \to x_2, A \to x_3, \\
& \quad A \to (S) \ \}.
\end{aligned}
$$

Charakterisieren Sie die in der Sprache zulässigen Wörter und ihre (zu vermutende) Interpretation!

b) Zeigen Sie, ob und wenn ja, wie sich mit der oben definierten Grammatik G die folgenden Wörter ableiten lassen:

1) not true
2) x_1 and x_2 or x_3
3) x_1 and (x_2 or x_3)
4) (x_1 and x_2) or not x_3
5) not (x_1 and (not x_2))

c) Bildet die von G definierte Sprache ein freies Monoid über T?

d) Ist G kontextfrei (Begründung)?

$\boxed{\text{L}}$

Aufgabe 1–12: ab–Grammatik   1.2.2

Die formalen Sprachen L_1 und L_2 seien definiert durch die Grammatiken $G_1 = (V, T, P_1, S)$ und $G_2 = (V, T, P_2, S)$ mit $V = \{ A, B, S \}$, $T = \{ a, b \}$,

$$P_1 = \{ \ S \to aAb,$$
$$A \to aAb,$$
$$A \to bBa,$$
$$B \to bBa,$$
$$B \to aAb,$$
$$B \to ab \ \}.$$

und

$$P_2 = \{ \ S \to aaAb,$$
$$A \to aaAb,$$
$$A \to aBba,$$
$$B \to aBba,$$
$$B \to aba \ \}$$

a) Geben Sie für L_1 und L_2 jeweils eine Funktion an, die die Anzahl der Regelanwendungen zur Herleitung eines Wortes w der Sprache auf die Länge von w abbildet.

b) Geben Sie alle Wörter der Sprache L_1 an, die aus höchstens 10 Buchstaben bestehen; ebenso alle Wörter der Sprache L_2 mit bis zu 12 Buchstaben.

   (In formaler Schreibweise: $\{ w \mid w \in L_1, |w| \le 10 \}$; sowie $\{ w \mid w \in L_2, |w| \le 12 \}$)

c) Geben Sie alle Wörter an, die sowohl in L_1 als auch in L_2 enthalten sind.

d) Die folgenden Wörter können weder in L_1 noch in L_2 hergeleitet werden. Geben Sie jeweils eine kurze Begründung, warum sie nicht hergeleitet werden können

   (1) aaabbbabbbbbbaaababbaaaab
   (2) aaaaabbbbabaaaabbbbaabbb
   (3) aaaaaabbbababaabaabbbbbb *(schwierig)*

$$\boxed{\text{T}}\ \boxed{\text{L}}$$

Aufgabe 1–13: Kontextfreiheit einer Sprache   1.2.2

Gibt es eine kontextfreie Grammatik G, für die gilt: $L(G) = \{ w \mid w = x^n y^n z^n, n \ge 1 \}$? Falls ja, geben Sie eine solche Grammatik an, falls nein, begründen Sie, warum nicht.

$$\boxed{\text{T}}\ \boxed{\text{L}}$$

1.3   Rechner

Aufgabe 1–14: Speicher   **1.3.1**

Durch diese Aufgabe sollen Sie ein gewisses Gefühl für die Größenordnungen bekommen, mit denen man es bei der Speicherkapazität von Rechnersystemen zu tun
hat.

a) Wievielen einzelnen Zeichen (Bytes) entsprechen die Angaben 12 MByte,
   14.5 kByte, 0.8 GByte ?

b) Wieviele Einzelzeichen umfaßt etwa eine volle Schreibmaschinenseite? Denken Sie
   auch an die Zwischenräume, an die Sonderzeichen wie Zeilenvorschub usw.

c) Bestimmen Sie überschlagsweise die Anzahl der Zeichen in einigen Büchern.

$$\boxed{\text{L}}$$

Aufgabe 1–15: Interpreter – Übersetzer   **1.3.2**

a) Beschreiben Sie kurz (etwa 150 Wörter) den Unterschied zwischen Interpretation
   und Übersetzung eines Hochsprachen–Programms in Maschinensprache. Erklären
   Sie insbesondere die Begriffe *Interpretation, Übersetzung, Quellprogramm, Zielprogramm, Übersetzungszeit* und *Laufzeit*.

b) Nennen Sie Situationen, in denen Interpretation Vorteile gegenüber der Übersetzung bietet.

c) Nennen Sie einige Ihnen bekannte Beispiele für Interpreter und Compiler.

$$\boxed{\text{L}}$$

1.4   Informatik als Wissenschaft

Aufgabe 1–16: Informatik   **1.4**

Wie wird das Gebiet "Informatik" heute in Hochschulen, wissenschaftlichen Ver-
bänden usw. gegliedert?

$$\boxed{\text{S}}$$

2. Imperative Programmierung — die Sprache MODULA-2

2.1 Syntaxdarstellungen

Aufgabe 2–1: Bergpanoramen 2.1

Mit den Zeichen /, _ und \ lassen sich Bergpanoramen zeichnen, z.B.

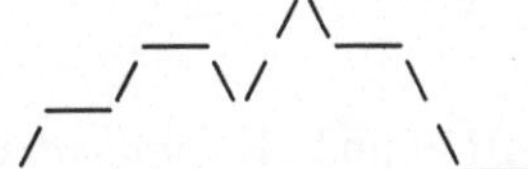

Abb. 2.1 Bergpanorama

Geben Sie die Syntax solcher Sequenzen (von links nach rechts) durch Syntaxdiagramme an, wobei Sie die Zeilenwechsel ignorieren können. Anfang und Ende sollen gleichhoch liegen und nicht höher als irgendein anderer Punkt des Bildes.

$\boxed{\text{L}}$

Aufgabe 2–2: Einfache Sprachen 2.1, 1.2

Geben Sie, falls möglich, die Syntax der folgenden Sprachen in EBNF an.

a) S1: $A^n B^n$ (vgl. Aufgabe 1–10)

b) S2: $A B^n A$

c) S3: $A^n B A^n$

d) S4: $A^n B^n A^n$ (vgl. Aufgabe 1–13)

e) S5: $A^n B^{2n}$

$\boxed{\text{L}}$

Aufgabe 2–3:   Syntax–Beschreibung   **2.1**

Gegeben ist die Syntax der Sprachen L1, L2, L3 durch folgende Syntaxdefinitionen

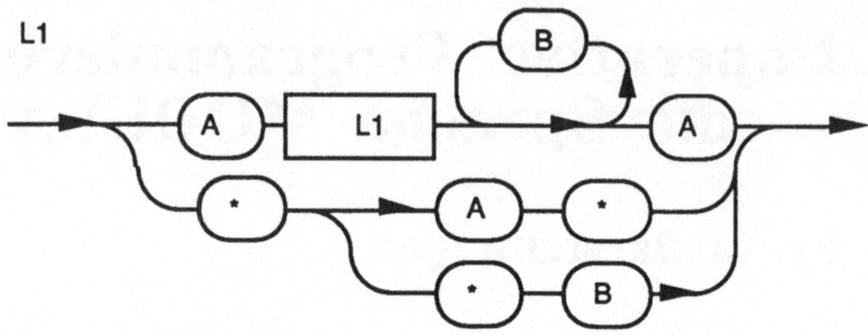

Abb. 2.2   Syntax von L1

L2   = "A" L2 | L2 "B" | Y .
Y   = "B" L2 "A" | "*" | "*" Y .

L3   = "A" L3 ["A"] | {"B"} L3 "B" | Z Z .
Z   = "*" | L3 .

a) Geben Sie eine Definition von L2 in EBNF und als Syntaxdiagramm an, so daß
   Sie mit einer einzigen Produktion auskommen! Suchen Sie dabei eine Form, in der
   L2 möglichst wenige Male rekursiv vorkommt.

b) Geben Sie, falls möglich, das kürzeste Wort an, das zu allen drei Sprachen gehört. Begründen Sie die Antwort!

c) Folgende Wörter sind gegeben (die Hochkommata "..." begrenzen die Wörter,
   gehören aber nicht dazu)

	enthalten in	L1	L2	L3
W0	= "A A * * B B A A"	x	—	x
W1	= "A * * A"			
W2	= "A B B B * A * B"			
W3	= "A * * B B A"			
W4	= "A B A * A"			

Geben Sie entsprechend dem Muster W0 für W1 bis W4 an, zu welcher Sprache
es gehört! (Es kann auch zu keiner oder — wie W0 — zu mehreren gehören)

L

Aufgabe 2–4:   Syntaxdiagramm für Kommentare   **2.1**

Sieht man zunächst von der Möglichkeit der Schachtelung ab, so haben Kommentare
in MODULA–2 die Form

```
(* Zeichenkette *)
```

Natürlich darf '*)' *im* Kommentar nicht vorkommen.

a) Entwickeln Sie ein Syntaxdiagramm für Kommentare der oben dargestellten
   Form. Dabei sollen Klammern und Stern jeweils als Einzelzeichen aufgefaßt
   werden (was der Übersetzer gerade *nicht* macht).

b) In MODULA–2 sind auch geschachtelte Kommentare möglich, d.h. die Zeichen-
   kette kann wieder einen Kommentar enthalten. Entwickeln Sie auch zur Darstellung dieses Sachverhaltes ein Syntaxdiagramm. Achtung, hier gibt es eine
   große Zahl einfacher, aber falscher Lösungen! Prüfen Sie z.B. die korrekten
   Kommentare "(***)" und "(*(*)*)*)"

$$\boxed{\text{L}}$$

Aufgabe 2–5:   Umformung eines Syntaxdiagramms   **2.1**

Gegeben ist das folgende (schlecht strukturierte) Syntaxdiagramm:

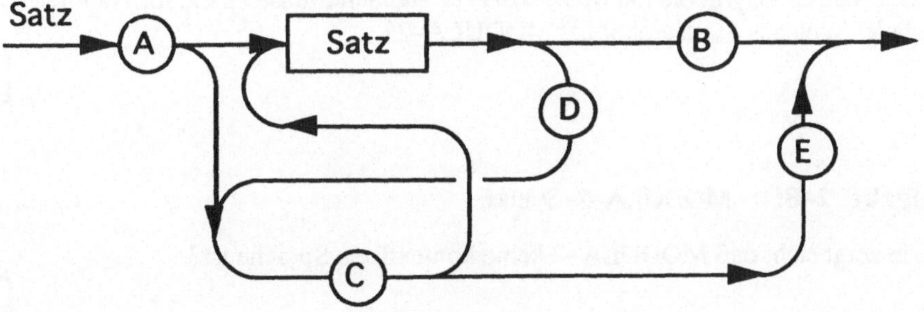

Abb. 2.3 Schlecht strukturiertes Syntaxdiagramm

a) Geben Sie die Syntax von *Satz* in einer einzigen EBNF–Produktion an! Darin
   sollte *Satz* (auf der rechten Seite der Produktion) nicht öfter als zweimal vorkommen, andernfalls ist die Lösung unnötig kompliziert.

   Die Lösung kann die EBNF–Konstrukte in geschachtelter Form enthalten, also
   beispielsweise { ... { ... } ... }.

b) Welche der folgenden Sätze entsprechen der Syntax?

b1	=	A C A A C E B D C E
b2	=	A C A D C A C E D C E
b3	=	A A C E D C A C E B

T L

Aufgabe 2–6:   Syntax–Mächtigkeit   2.1

Gibt es Sprachen, die sich nur mit Syntaxdiagrammen, nicht aber in BNF definieren lassen, oder umgekehrt?

S

2.2   Elementare funktionale MODULA–2–Programme

Aufgabe 2–7:   MODULA–2–Syntax   2.2.1, Anhang B

Welche Terminalsymbole hat MODULA–2? Nennen Sie Beispiele für Nichtterminalsymbole! Welches Startsymbol hat MODULA–2?

S

Aufgabe 2–8:   MODULA–2–Syntax   2.2.1

Worin zeigt sich, daß MODULA–2 keine kontextfreie Sprache ist?

S

Aufgabe 2–9:   Berechnung einiger Ausdrücke   2.2.1

Schreiben Sie ein Programm, das die arithmetischen Ausdrücke in den Teilaufgaben (a) – (e) berechnet und ausgibt (je ein Ergebnis pro Zeile). Erweitern Sie dazu die ab-

gebildete Programmschablone um eine Folge von Prozeduraufrufen von *WriteReal*[1]
und *WriteLn*. Rufen Sie *WriteReal* folgendermaßen auf: "WriteReal (<expr>, 8);",
wobei Sie für <expr> den jeweiligen Ausdruck einsetzen. Der zweite Parameter dient
nur zur Formatsteuerung und ist in dieser Aufgabe nicht weiter von Bedeutung.

```
MODULE ConstExpr;
FROM InOut IMPORT WriteReal, WriteLn;
CONST a  = 2.0;
      b  = 3.0;
      c  = 0.4E1;
      pi = 3.14;
BEGIN
   ...
END ConstExpr.
```

a) $5a + 76 + 3.1$

b) a^{-2}

c) $(-a)^2$

d) $\dfrac{a + 6}{2 \cdot pi \cdot a + \dfrac{1}{a}}$

e) $a + \dfrac{b - \dfrac{pi}{c}}{a + \dfrac{c}{a - \dfrac{1}{b}}}$

$\boxed{\text{T}}\ \boxed{\text{L}}$

Aufgabe 2–10:   Zahlen in natürlicher Sprache   2.2.2

Schreiben Sie ein MODULA–2–Programm, das eine ganze Zahl z $(100 \leq z \leq 999)$
einliest und ihren Wert in natürlicher Sprache auf den Bildschirm schreibt, also z.B.
bei Eingabe $z = 598$ das Wort "fünfhundertachtundneunzig". Zur Lösung dieser
Aufgabe sollen Sie die vorgegebene Programmschablone um eine Folge geeigneter
CASE– und IF–Anweisungen erweitern. Durch *ReadCard (zahl)* wird ein Eingabe-
wert von der Tastatur gelesen. In Ihrem Programm können Sie den Bezeichner *zahl*

---

[1]*WriteReal*, die Prozedur zur Ausgabe von REAL–Zahlen, kann bei anderen MODULA–2–Systemen
auch anders heißen oder anderswo als in *InOut* zu finden sein. Schauen Sie in das Handbuch Ihres
Compilers oder lösen Sie die Aufgabe auf dem Papier, falls Sie in Schwierigkeiten kommen. Den
korrekten Umgang mit diesen sog. Bibliotheksmodulen lernen Sie erst im Kapitel 3.

(hier eine Variable) wie eine Konstante verwenden (die z.B. durch CONST zahl =
197 vereinbart würde), allerdings mit dem Unterschied, daß der Wert von *zahl* erst
zur Laufzeit des Programms festgelegt wird.

```
MODULE Zahlwort;

   FROM InOut IMPORT ReadCard, WriteString, WriteLn;
   VAR zahl : CARDINAL;

BEGIN
   WriteLn;
   WriteString("Bitte Zahl eingeben: ");
   ReadCard( zahl );
   WriteLn;

   ... (* das Programm nur an dieser Stelle erweitern *)

   WriteLn;
END Zahlwort.
```

Anmerkung: In MODULA–2 ist "*a* DIV *b*" die ganzzahlige Division, während "*a*
MOD *b*" den bei der ganzzahligen Division auftretenden Rest ergibt.

$$\boxed{\text{T}}\ \boxed{\text{L}}$$

Aufgabe 2–11: IF...THEN...ELSE vs. CASE...OF   2.2.2

a) Wandeln Sie folgendes Schema einer IF–Anweisung in ein bedeutungsgleiches
CASE–Schema um:

```
IF a THEN awf_1
     ELSE awf_2
END;
```

Dabei steht *a* für einen beliebigen MODULA-2-Ausdruck (Expression) vom Typ
BOOLEAN und *awf_1* und *awf_2* für zwei beliebige MODULA-2-Anweisungs-
folgen (Statement–sequence).

b) Wandeln Sie umgekehrt folgendes allgemeine CASE–Schema bedeutungsgleich in
ein (ggf. geschachteltes) IF–Schema um:

```
CASE ea_1 OF
| 0: CASE ea_2 OF
       | 0: awf_1
       | 1: awf_2
       | ELSE awf_3
     END;
       awf_4
| 1: awf_5
| ELSE awf_6
END;
```

Dabei stehen *ea_1* und *ea_2* für einfache MODULA–2–Ausdrücke (Simple-Expressions) vom Typ CARDINAL und *awf_i* für beliebige MODULA–2–Anweisungsfolgen (Statement–sequences).

$\boxed{\text{L}}$

Aufgabe 2–12: Syntax für MODULA–2–Konstrukte   2.2.2, 2.1

Zeichnen Sie aus dem Kopf das Syntaxdiagramm einer IF–Anweisung (entsprechend auch für andere Konstrukte, z.B. Block, Konstanten–Definition, usw.).

$\boxed{\text{S}}$

Aufgabe 2–13: Signumfunktion   2.2.3

Schreiben Sie eine Signumfunktion *SignumInt* für INTEGER–Zahlen in MODULA–2. Testen Sie Ihre Funktion mit einem Rahmenprogramm, das die Eingaben (Konstanten) und Ergebnisse der Funktion druckt. Die Signumfunktion ist folgendermaßen definiert:

$$SignumInt(x) = \begin{cases} +1 & \text{für } x > 0 \\ -1 & \text{für } x < 0 \\ 0 & \text{für } x = 0 \end{cases}$$

Sie benötigen für das Programm folgende Importe:

```
FROM InOut IMPORT WriteString, WriteInt, WriteLn;
```

$\boxed{\text{L}}$

Aufgabe 2–14: Funktionen   2.2.3

Schreiben Sie eine Funktion in MODULA–2, die die Masse eines Zylinders mit der Höhe $h = 172$ cm berechnet. Implementieren Sie die Funktion in zwei Varianten:

a) Parameter sind der Radius (in cm) und die Dichte.

b) Parameter sind der Radius (in cm) und das Material.

Hinweis: Mit der Materialangabe soll über eine CASE-Anweisung die Masse des Zylinders berechnet werden. Suchen Sie mindestens fünf verschiedene Materialien aus. Verwenden Sie zur eigentlichen Berechnung die Prozedur aus (a).

$\boxed{\text{L}}$

Aufgabe 2–15: Wurzel aus Absolutwert   `2.2.3`

Schreiben Sie eine Funktion in MODULA–2, die die Wurzel aus dem Absolutbetrag einer REAL–Zahl berechnet. Verwenden Sie dabei nicht die ABS–Funktion von MODULA–2! Testen Sie Ihre Funktion mit einem Rahmenprogramm, das die Eingaben (Konstanten) und Ergebnisse Ihrer Funktion ausgibt.

Verwenden Sie zur Berechnung der Wurzel *Sqrt* und zum Ausgeben von REAL–Zahlen *WriteReal*. Dazu sind folgende Importe nötig:

```
FROM MathLib IMPORT Sqrt;
FROM InOut IMPORT WriteReal;
```

□L

Aufgabe 2–16: Programmier–Stil   `2.2.3`

Warum ist es zweckmäßig, nach *jedem* MODULA–2–Befehl ein Semikolon zu setzen, auch direkt vor einem "END", nicht jedoch nach einer RETURN–Anweisung?

□L

Aufgabe 2–17: Alltagsbegriffe   `2.2.4`

a) Versuchen Sie, mindestens fünf Begriffe aus dem Alltag zu finden, die gut durch elementare Datentypen der Sprache MODULA–2 dargestellt werden könnten. Darunter sollten mindestens je ein Aufzählungs– und ein Bereichstyp sein. (Verwenden Sie die Syntax von MODULA–2.)

b) Definieren Sie — ebenfalls in MODULA–2–Syntax und aus Ihrem Alltag — mindestens je eine Konstante zu jedem vordefinierten MODULA–2–Typ sowie zu jedem unter (a) eingeführten Typ.

□L

Aufgabe 2–18: Bereichsgrenzen   `2.2.4,  2.2.1`

Schreiben Sie ein Programm, das die Bereichsgrenzen (kleinster und größter darstellbarer Wert) der Typen CARDINAL, INTEGER und REAL ermittelt und ausgibt.

□L

Aufgabe 2–19: Fehler im Programm   2.2.5

Ändern Sie das folgende fehlerhafte Programm durch Einfügen, Löschen oder Ersetzen genau eines Zeichens so, daß es problemlos übersetzbar und ausführbar ist.

```
MODULE Unsinn;
   FROM InOut IMPORT WriteInt, WriteReal, WriteLn;
   VAR U, V: INTEGER;  Z: REAL;
BEGIN
   U := 99;
   Z := FLOAT (MAX(INTEGER)) / FLOAT (U);
   W := U DIV 2;
   Z := FLOAT(U) / FLOAT(V);
   WriteInt(U,3); WriteInt(V,3); WriteReal(Z,9);
   WriteLn;
END Unsinn.
```

$\boxed{\text{L}}$

Aufgabe 2–20: Rekursive Potenzfunktion   2.2.6

Die Funktion $f(p, q) = p^q$ mit ganzen Zahlen p, q und $q \geq 0$ soll in MODULA–2 implementiert werden. Wir gehen davon aus, daß nur die Grundoperationen (+, –, *, DIV) zur Verfügung stehen. Realisieren Sie die Funktion (mit dem Bezeichner *Potenz*) durch eine rekursive Funktionsprozedur ohne lokale Variablen.

Ergänzung: Bauen Sie in Ihre Prozedur eine Fehlerbehandlung für den Fall eines Zahlenüberlaufs ein!

$\boxed{\text{L}}$

Aufgabe 2–21: Quersumme   2.2.6

Entwerfen Sie eine MODULA–2–Funktionsprozedur, die rekursiv die Quersumme einer als Parameter übergebenen natürlichen Zahl berechnet.

(Die Quersumme einer Zahl ist die Summe ihrer Ziffern. *Beispiel:* Quersumme von 5463 = 5+4+6+3 = 18.)

$\boxed{\text{T}}\,\boxed{\text{L}}$

Aufgabe 2–22:   Rekursive Listenverarbeitung   **2.2.6**

In den Teilaufgaben (a) – (d) sollen Sie vier Prozeduren schreiben, die jeweils von der Tastatur eine nichtleere Liste von positiven ganzen Zahlen einlesen (die durch "–1" beendet wird) und darauf bestimmte Operationen durchführen. Alle Prozeduren müssen *rekursiv* arbeiten und der folgenden Form entsprechen:

```
PROCEDURE proc (par: INTEGER): INTEGER;
   (* wählen Sie sinnvolle Namen für proc und par *)
   VAR zahl: INTEGER;
BEGIN
   ReadInt(zahl);

   (* ca. 10 Zeilen *)

END proc;
```

Weitere Deklarationen sind für die Prozeduren nicht nötig und auch nicht erlaubt. (In manchen der Teilaufgaben können die Prozeduren auch einfacher sein oder einen anderen Ergebnistyp haben.) Betten Sie alle vier Prozeduren in ein MODULA–2–Hauptprogramm ein, so daß wahlweise eine davon auf eine Eingabeliste angewendet werden kann.

a) Berechnen Sie die Anzahl der ungeraden Listenelemente.

   z.B.: *Eingabe*:   1 2 3 –1   →   *Ausgabe*:   2

b) Stellen Sie fest, ob das erste Listenelement nochmals in der Liste vorkommt.

   z.B.: *Eingabe*:   7 11 9 7 31 24 –1   →   *Ausgabe*:   ja

c) Bestimmen Sie das größte Element in der Liste.

   z.B.: *Eingabe*:   1 17 32 39 3 7 28 –1   →   *Ausgabe*:   39

d) Vertauschen Sie für aufeinanderfolgende Paare von Zahlen jeweils die Zahlen des Paares. Bei ungerader Länge der Liste wird die letzte Zahl unverändert ausgegeben.

   z.B. *Eingabe*:   1 2 3 4 5 6 7 –1

        Ausgabe: 2 1 4 3 6 5 7

[T] [L]

Aufgabe 2–23:   Ackermann–Funktion   **2.2.6**

Die Ackermann–Funktion $Ack(m,n)$ ist für $m, n \geq 0$ folgendermaßen definiert:

$$Ack(m,n) = \begin{cases} n + 1 & \text{falls } m = 0 \\ Ack(m-1, 1) & \text{falls } n = 0 \text{ und } m > 0 \\ Ack(m-1, Ack(m, n-1)) & \text{sonst.} \end{cases}$$

a) Schreiben Sie eine MODULA–2–Funktionsprozedur zur Berechnung der Acker-mann–Funktion.

   Warnung: Versuchen Sie besser nicht, die Funktion mit "harmlosen" Parametern (z.B. 3 und 5) zu testen. Sie benötigt selbst bei kleinen Werten für m und n schon extrem viel Rechenzeit und Speicherplatz!

b) Zeichnen Sie einen Ausführungsbaum für $Ack(2,2)$. Die Wurzel dieses Baumes besteht aus dem Ausdruck $Ack(2,2)$. Der Sohn bzw. die Söhne/Nachfolger eines Ausdrucks ergeben sich aus den unmittelbaren rekursiven Funktionsaufrufen, die zu seiner Berechnung notwendig sind ("ruft–auf–Beziehung"). Tragen Sie für jede Aufrufkante den zurückgelieferten Wert in den Baum ein.

c) Wieviele rekursive Funktionsaufrufe sind insgesamt zur Berechnung von $Ack(2,2)$ nötig? Wieviele für $Ack(2,3)$?

$\boxed{\text{L}}$

2.3   Iterative Programme

Aufgabe 2–24: Lebensdauer und Gültigkeitsbereich   2.3.2

Worin liegt der Unterschied zwischen den Begriffen "Gültigkeitsbereich" und "Lebensdauer"?

$\boxed{\text{S}}$

Aufgabe 2–25: Programmanalyse   2.3.2, 2.3.1

Welches Resultat liefert das folgende Programm (dessen Bezeichner extrem schlecht gewählt sind):

```
MODULE Test;

    FROM InOut IMPORT WriteInt, WriteLn;
    VAR a, b, c, d: INTEGER;

    PROCEDURE P (VAR a, b: INTEGER; c: INTEGER): INTEGER;
    BEGIN
      b := a - b + d + c;
      IF c < b THEN RETURN c ELSE RETURN b - a END
    END P;

BEGIN
  a := 5; b := 1; c := 9; d := b;
  WriteInt (P (b, a, d) + c, 3); WriteInt (a + b, 3); WriteLn;
END Test.
```

$\boxed{\text{L}}$

Aufgabe 2–26: Lebensdauer und Gültigkeitsbereiche   **2.3.2,   2.3.1**

Das folgende Modul besitzt Variablen und Prozeduren mit gleichen Namen (und ist damit ein abschreckendes Beispiel für die falsche Wahl von Bezeichnern!).

a) Markieren Sie die Gültigkeitsbereiche und ergänzen Sie die Bezeichner mit Indices so, daß sie eindeutig sind.

b) Zeichnen Sie ein Ablaufdiagramm für eine Ausführung des Programms analog zu Abb. 2.15 im Skriptum.

```
MODULE M;
VAR a, b, c: INTEGER;

PROCEDURE P ( a: INTEGER; VAR b: INTEGER);
  BEGIN  a := a + b;  b := b + c;  c := c + a;   END P;

PROCEDURE Q ( a: INTEGER; VAR b: INTEGER);

  PROCEDURE P ( a: INTEGER; VAR b: INTEGER);
    BEGIN  c := c + b;  a := a + c;  b := b + a;   END P;

  BEGIN (* Q *)
    a := a + b;  b := b + a - c;  P( b, c);
  END Q;

BEGIN (* M *)
  a := 1;  b := 2;  c := 3;  P( b, c);  Q( c, b);  P( c, a);
END M.
```

$\boxed{\text{L}}$

Aufgabe 2–27: Schleifentypen   **2.3.3,   2.2.6**

Schreiben Sie Funktionsprozeduren, die für ganzzahlige p, q ($q \geq 0$) die Funktion p^q berechnen. Verwenden Sie nur die Operationen +, – und *, und realisieren Sie die Iteration durch

a) eine FOR – Schleife
b) eine WHILE – Schleife
c) eine REPEAT ...UNTIL – Schleife
d) eine LOOP – Schleife

Diskutieren Sie kurz die Vor– und Nachteile der einzelnen Lösungen. Vergleichen Sie auch mit der rekursiven Prozedur aus Aufgabe 2–20. Welche Variante sollte man in der Praxis wählen?

$\boxed{\text{L}}$

Aufgabe 2–28: REPEAT vs. FOR   2.3.3

Ersetzen Sie im folgenden Programmfragment die FOR–Schleife durch eine REPEAT–Konstruktion, so daß die Funktion ansonsten unverändert bleibt.

```
PROCEDURE Dummy;
  VAR i: [0..20]; sum: INTEGER;
BEGIN
  sum := 0;
  FOR i:=1 TO 20 DO sum := sum+i; END;
END Dummy;
```

$\boxed{\text{L}}$

Aufgabe 2–29: Binomialkoeffizienten $2.3.4^{1}$, 2.2.6

Geben Sie zwei MODULA–2–Funktionsprozeduren an, die den Binomialkoeffizienten

$$\binom{n}{k} \quad \text{für } n > 0,\, 0 \le k \le n$$

berechnen.

a) Finden Sie eine *rekursive* Lösung.

b) Versuchen Sie, eine *iterative* Lösung zu finden. *(schwierig)*

Beide Lösungen sollen für möglichst große Binomialkoeffizienten einsetzbar sein (mindestens bis $\binom{n}{k} \le$ MAX (CARDINAL) DIV k).

$\boxed{\text{T}}\,\boxed{\text{L}}$

Aufgabe 2–30: Berechnung arithmetischer Ausdrücke $2.3.4^{1}$, 2.2.6

Schreiben Sie eine *rekursive* MODULA–2–Funktionsprozedur, die eine beliebige Zeichenfolge, bestehend aus einzelnen Ziffern sowie den Sonderzeichen +, –, *, (,), von der Tastatur einliest, den dadurch gebildeten Ausdruck berechnet und als Funktionswert zurückliefert. Als besondere Vereinfachung sollen nur Zahlen mit je einer Ziffer und nur vollständig geklammerte dyadische Ausdrücke zugelassen sein. Die Zeichenfolge soll durch die Funktion selbst zeichenweise eingelesen und verarbeitet werden, es soll kein Feld zu ihrer Speicherung verwendet werden.

---

[1]Im Skriptum (1.Auflage) gibt es fälschlich zwei Abschnitte mit der Nummer 2.3.4 ("Iterative und rekursive Lösungen" und "Sprunganweisungen"). Auf welchen Abschnitt sich jeweils eine Aufgabe bezieht, geht aus dem Inhalt hervor.

Beispiele für korrekte Zeichenfolgen: 3   (3+4)   ((3*(4–5))–6)

Beispiele für falsche Zeichenfolgen: –3   (monadisches minus)
                                          3+4   (nicht geklammert)
                                          (3+4*5)   (Produkt nicht geklammert)

Falsche Zeichenfolgen sollen eine Fehlermeldung hervorrufen. Das Resultat ist dann
gleichgültig.

$\boxed{\text{T}}\boxed{\text{L}}$

Aufgabe 2–31:   Programme mit und ohne GOTO   **2.3.4**[1], **2.3.3, 2.2.6**

Ein Programmierer, der inzwischen nicht mehr für Ihr Unternehmen tätig ist, hat
Ihnen das untenstehende Pascal–Programm mit vielen GOTO–Statements hinter-
lassen. Die Firma steigt nun auf MODULA–2 um und bittet Sie, das Programm zu
übertragen.

a) Geben Sie ein Syntaxdiagramm für die Zeichenfolgen an, die das Programm mit
   "o.k." akzeptiert.

b) Schreiben Sie ein äquivalentes MODULA–2–Programm (kein GOTO möglich).

c) Schreiben Sie ein äquivalentes MODULA–2–Programm ohne Verwendung von
   Schleifen. (*Hinweis*: verwenden Sie rekursive Prozeduraufrufe) (*schwierig!*)

```
PROGRAM SyntaxCheck(input,output);
LABEL  10, 20, 30, 50, 60, 99;
VAR  ch : char;
BEGIN
10 :    read(ch);
   IF ch <> 'a' THEN GOTO 20;   { kein END zum IF in PASCAL }
   GOTO 50;
20 :    IF ch <> 'd' THEN GOTO 30;
   writeln('   o.k.'); GOTO 99;
30 :    writeln('   error'); GOTO 99;
50 :    read(ch);
   IF ch <> 'b' THEN GOTO 60;
   GOTO 50;
60 :    IF ch <> 'c' THEN GOTO 30;
   GOTO 10;
99 :    END.
```

$\boxed{\text{T}}\boxed{\text{L}}$

---

[1]vgl. Fußnote zu Aufgabe 2–29.

Aufgabe 2–32: Prozedurparameter   `2.3.5`

Schreiben Sie eine MODULA–2–Prozedur *MinMax*, die als Prozedurparameter eine beliebige reellwertige zweistellige Funktion übergeben bekommt, also eine Prozedur der Art

```
PROCEDURE f(x, y: REAL): REAL.
```

Ihre Prozedur *MinMax* soll weitere Parameter xa, xb, xd und ya, yb, yd vom Typ REAL besitzen. Sie soll ein Minimum und ein Maximum der übergebenen Funktion im Bereich $[xa .. xb] \times [ya .. yb]$ bestimmen und ausgeben (siehe Abb. 2.4). Dabei soll die Schrittweite in der x–Richtung xd und in der y–Richtung yd sein. Sie dürfen dabei annehmen, daß die Überprüfung der Funktionswerte auf dem durch obige Angaben gegebenen diskreten Koordinatengitter ausreichend ist.

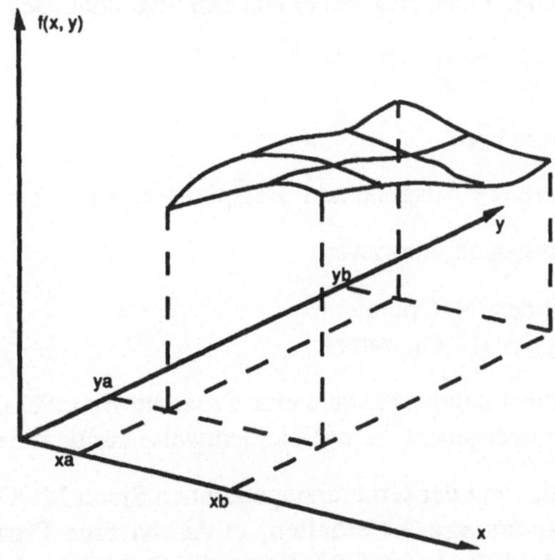

Abb. 2.4   Schaubild einer zweistelligen Funktion

Testen Sie Ihr Programm im Bereich $[-1..1] \times [-1..1]$ mindestens mit den Funktionen

$$f_1(x,y) \;=\; \sin(2x) + \sin(3y) + \cos(4x) + \cos(5y)$$

und $\quad f_2(x,y) \;=\; e^{x+y/2} \cdot \cos(2xy) \,.$

Anmerkung: Sie müssen dazu die Funktionen *Sin*, *Cos* und *Exp* aus einem geeigneten Modul (in der Regel *MathLib*) importieren.

⬚ L

2.4 Komplexe Datentypen

Aufgabe 2–33: Mengen in MODULA–2   2.4.1

Welche Überlegung hat den Urheber von MODULA–2 (N. Wirth) veranlaßt, die
Mengen (Sets) starken Beschränkungen zu unterwerfen?

$\boxed{\text{S}}$

Aufgabe 2–34: Mengen   2.4.1

Schreiben Sie ein MODULA–2–Programm, das alle zweielementigen Teilmengen
einer Menge S berechnet. Gehen Sie dabei von den folgenden Deklarationen aus:

```
TYPE grundmenge = (a, b, c, d, e, f, g, h, i, j, k);
     mengentyp  = SET OF grundmenge;

VAR  S : mengentyp;
```

Für S = { a, b, c } wäre die Ausgabe zum Beispiel { a, b }, { a, c }, { b, c }.

Geben Sie zwei Lösungen an, und zwar

a) unter Verwendung des IN–Operators.
b) ohne Verwendung des IN–Operators.

Zur Anzeige der Mengen sollten Sie sich eine Prozedur *PrintSet (S: mengentyp)* implementieren, die eine übergebene Menge elementweise auf dem Bildschirm ausgibt.

Hinweis: Das *n*–te Element der Grundmenge können Sie in MODULA–2 durch den
Ausdruck VAL(*grundmenge*, *n*) erhalten. (VAL ist eine Prozedur des Moduls
SYSTEM.) Die Standard–Prozedur ORD liefert die Ordnungszahl eines Elements in
der Grundmenge.

$\boxed{\text{T}}\boxed{\text{L}}$

Aufgabe 2–35: Feldverarbeitung   2.4.2

a) Schreiben Sie ein MODULA–2–Programm, das 15 Zahlen (INTEGER) in ein
   Feld A (globale Variable) einliest, dieses zur Kontrolle ausgibt und danach in einer
   Prozedur *Maximum* das größte Element dieses Feldes sucht und ausgibt.

b) Schreiben Sie eine MODULA–2–Prozedur *Median* zur Bestimmung des Medians
   aller Werte im Feld. Als Median wollen wir hier vereinfachend dasjenige Element

einer Datenmenge verstehen, für das genausoviele kleinere wie größere Werte in der Menge existieren. Sie können davon ausgehen, daß das 15–elementige Feld lauter verschiedene Werte enthält.

Ihr Programm soll solange jeden einzelnen Wert des Feldes testen, bis der Median gefunden ist (eine für große Felder effizientere Methode durch Sortieren soll hier nicht verwendet werden). Fügen Sie Ihre Prozedur in obiges Programm ein.

c) Folgende Prozedur, die die ersten drei geraden Zahlen des globalen Feldes A bestimmt, ist in schlechtem Programmierstil formuliert und ziemlich ineffizient:

```
PROCEDURE SchlechtesBeispiel;
  VAR i, Anzahl: INTEGER;
BEGIN
  Anzahl := 0;
  FOR i := 1 TO 15 DO
    IF Anzahl < 3 THEN
      IF (A[i] MOD 2) = 0 THEN
        WriteInt(A[i]); WriteLn;
        Anzahl:= Anzahl + 1;
      END (* IF *)
    END (* IF *)
  END (* FOR *)
END SchlechtesBeispiel;
```

Schreiben Sie die Prozedur durch Ersetzung der FOR–Schleife durch eine REPEAT– oder WHILE–Schleife so um, daß die Iteration terminiert, sobald die dritte gerade Zahl gefunden ist (Sie dürfen davon ausgehen, daß sicher mindestens drei gerade Zahlen im Feld vorhanden sind). Testen Sie Ihre Prozedur in dem oben erstellten Programm.

⊥⃞ L

Aufgabe 2–36: Abzählreim   2.4.2

In einem Kreis stehen n Kinder (durchnumeriert von 1 bis n). Mit Hilfe eines m-silbigen Abzählreims wird das jeweils m–te unter den noch im Kreis befindlichen Kindern ausgeschieden, bis kein Kind mehr im Kreis steht.

Schreiben Sie ein MODULA–2–Programm, das nach Vorgabe von n und m die Nummern der Kinder in der Reihenfolge ihres Ausscheidens angibt.

Beispiel: Für $n=6$ und $m=5$ ergibt sich die Folge 5, 4, 6, 2, 3, 1.

a) Entwickeln Sie eine Idee zur Lösung des Problems und stellen Sie sie anschaulich dar. Verwenden Sie ein Feld!

b) Implementieren Sie den Algorithmus in MODULA–2.

L

Aufgabe 2–37:   Schiebespiel   **2.4.2**

In dieser Aufgabe ist ein vorgegebenes Programm an drei Stellen zu ergänzen. Bei der Codierung dürfen Sie (anders als in jeder realen Situation) mit einer stets korrekten Bedienung rechnen, das Programm braucht also nicht robust zu sein. Sie dürfen aber die vorgegebenen Programmteile, auch die darin enthaltenen Deklarationen, nicht mehr ändern oder ergänzen.

Vielleicht kennen Sie die Schiebespiele, bei denen 15 Spielsteine auf 16 Plätzen so angeordnet sind, daß der leere Platz jeweils durch einen Nachbarn belegt werden kann, wobei dessen Platz danach leer ist (Abb. links). Ziel des Spiels ist die Verschiebung, bis eine bestimmte Konfiguration erreicht ist (Abb. rechts).

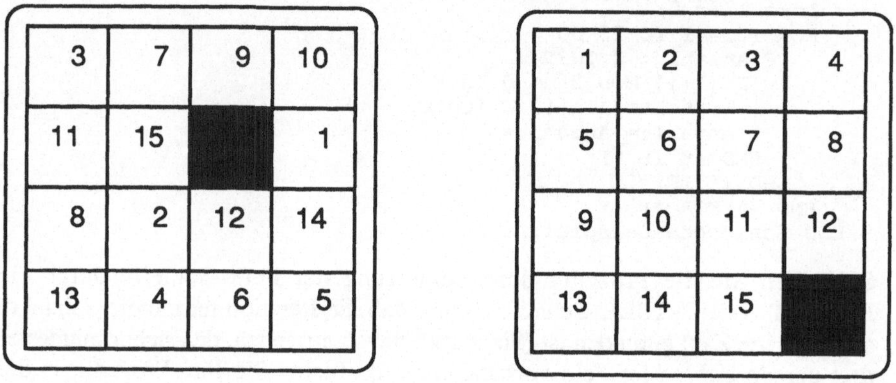

Abb. 2.5   Schiebespiel

Der Ablauf geht aus dem Hauptprogramm des folgenden (unvollständigen) Programms hervor.

```
MODULE Schiebung;
   (* Simple Implementierung des Schiebespiels mit 15
      numerierten Steinen auf 16 quadratisch angeordneten
      Plätzen.
   *)
FROM InOut IMPORT WriteString, WriteInt, WriteLn,
                  ReadInt, Read, Write;
CONST MaxIndex = 4; (* Länge und Breite des Feldes  *)
      Leer = 0;        (* Inhalt des leeren Feldes      *)
VAR   Feld   : ARRAY [1..MaxIndex], [1..MaxIndex]
                       OF INTEGER;           (* die Plätze  *)
      leerX,
      leerY  : INTEGER;  (* Position des leeren Platzes *)
      Ende   : BOOLEAN;  (* für Ende-Meldung an das     *)
                         (* Hauptprogramm               *)
```

```
PROCEDURE Zeigen; (* Ausgabe der Plätze *)

        (*** Rest ist zu implementieren (Teil a) ***)

END Zeigen;

PROCEDURE Einlesen; (* ACHTUNG: es wird nicht geprueft, ob  *)
  VAR y,x: INTEGER; (* die eingegebenen Zahlen korrekt sind!*)
BEGIN (* Einlesen *)
  WriteString("Gib Anfangszustand (zeilenweise), ");
  WriteString("'0' für den leeren Platz"); WriteLn;
  FOR y := 1 TO MaxIndex DO
    FOR x := 1 TO MaxIndex DO
      ReadInt(Feld[y,x]);
      IF Feld [y,x] = 0 THEN leerY := y; leerX := x END;
    END (* FOR *);
    WriteLn;
  END (* FOR *);
END Einlesen;

PROCEDURE Ziehen;

  VAR kandidat: INTEGER; (* Nummer des zu ziehenden Elements *)
      kandX,
      kandY   : INTEGER;  (* Position des Schiebekandidaten *)

  PROCEDURE Lokalisiere (stein:   INTEGER;
                         VAR x,y: INTEGER);
  BEGIN

        (*** Rest ist zu implementieren (Teil b) ***)

  END Lokalisiere;

BEGIN (* Ziehen *)
  WriteString("Gib Nummer des zu ziehenden Elements, ");
  WriteString("'0' für Ende: ");
  ReadInt(kandidat); WriteLn;

        (*** Rest ist zu implementieren (Teil c) ***)

END Ziehen;

BEGIN (* Schiebung *)
  Einlesen; Zeigen;
  REPEAT
    Ziehen; Zeigen
  UNTIL Ende;
END Schiebung.
```

a) Vervollständigen Sie die Prozedur *Zeigen*! *Zeigen* soll ein Bild wie folgt erzeugen:

```
    3    7    9   10
   11   15         1
    8    2   12   14
   13    4    6    5
```

b) Vervollständigen Sie die Prozedur *Lokalisiere*, die die Koordinaten eines bestimmten Steins ermittelt und in den VAR–Parametern x und y zurückgibt.

c) Vervollständigen Sie die Prozedur *Ziehen*. *Ziehen* führt nach der (im Fragment oben gezeigten) Eingabe einer Nummer (im Beispiel oben z.B. 15 oder 9) den Zug in der Datenstruktur aus. War der Stein nicht bewegbar (z.B. 3 oder 6), so bleibt der Stand unverändert.

$$\boxed{\text{T}}\,\boxed{\text{L}}$$

Aufgabe 2–38: Stringverarbeitung, Flexible Array–Grenzen   **2.4.2, 2.3.3**

Erweitern Sie die Möglichkeiten der Stringverarbeitung in MODULA–2 durch die nachfolgend angedeuteten Prozeduren. Strings sollen durch Felder des Typs ARRAY [0..n–1] OF CHAR gespeichert werden. Die Prozeduren sollen für Arrays von beliebiger Länge arbeiten; außerdem braucht ein Array nicht vollständig genutzt zu werden. In diesem Fall wird der gespeicherte String durch das Zeichen CHR(0) abgeschlossen. Testen Sie Ihre Prozeduren an einigen Beispielen und achten Sie darauf, daß alle Sonderfälle richtig verarbeitet werden.

a) `PROCEDURE StringLaenge( Str: ARRAY OF CHAR ): CARDINAL;`

gibt die Länge des übergebenen Strings zurück, die definiert ist als die Zahl der Zeichen, ggf. ohne das Endezeichen.

b) `PROCEDURE StringCopy( VonString    : ARRAY OF CHAR;`
`                  VAR NachString: ARRAY OF CHAR );`

kopiert *VonString* nach *NachString*, wobei der vorige Inhalt von *NachString* überschrieben wird. Ist *VonString* länger als der in *NachString* gegebene Platz, dann werden nur soviele Zeichen wie möglich kopiert und eine Warnung ausgegeben.

c) `PROCEDURE StringsVerketten( VAR Str1: ARRAY OF CHAR;`
`                       Str2    : ARRAY OF CHAR );`

hängt die Zeichen von *Str2* an das Ende von *Str1* an. Im Falle eines Überlaufs von *Str1* werden nur soviele Zeichen wie möglich angehängt, und es wird eine Warnung ausgegeben.

d) `PROCEDURE StringAusgeben( Str: ARRAY OF CHAR );`

gibt den übergebenen String aus.

e) Ist es sinnvoll, daß die Prozeduren im Fehlerfall eine "Notlösung" anstreben (also
   zum Beispiel überzählige Zeichen abschneiden) und eine Warnung ausgeben?
   Wäre es nicht besser, das Programm sofort an der jeweiligen Stelle abzubrechen?
   Wie könnte man einen solchen Programmabbruch auslösen? Was spricht dafür,
   was dagegen? Welche anderen Möglichkeiten zur Fehlerbehandlung sehen Sie?

$\boxed{\text{L}}$

Aufgabe 2-39: Labyrinth   2.4.2,   2.2.6

Gegeben ist das folgende Labyrinth–Schema:

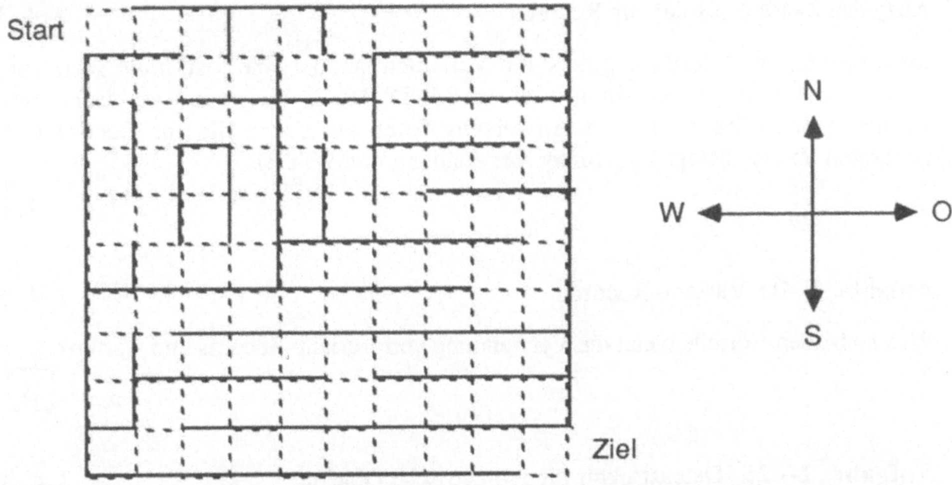

Abb. 2.6   Labyrinth–Schema

Die Größe ist konstant 10 mal 10 Felder, das Startfeld liegt stets oben links, das Ziel
unten rechts. Die Hindernisse können frei gesetzt werden, der Rand ist wie die
Hindernisse nicht passierbar.

a) Geben Sie eine geeignete Datenstruktur an, um eine spezielle Version dieses
   Labyrinths darzustellen. Sehen Sie dabei für die Positionen im Labyrinth jeweils
   eine Markierung (BOOLEAN) vor. *Anmerkung:* Das spätere Programm hängt
   stark von der gewählten Datenstruktur ab. Für alle Lösungsansätze gilt: Es ist
   verhängnisvoll, wenn man vorschnell eine effiziente (d.h. hier redundanzarme)
   Lösung sucht.

b) Nehmen Sie an, daß Ihnen eine bestimmte Version des Labyrinths vorgegeben ist. Schreiben Sie eine Prozedur, die einen Weg durch das Labyrinth ausgibt, falls ein solcher existiert, sonst eine entsprechende Meldung. Der Weg soll durch eine Sequenz von Zeichen N, S, O, W, die als Himmelsrichtungen interpretiert werden können, beschrieben werden. Er muß nicht optimal sein, darf aber keinen Punkt des Labyrinths mehrfach berühren! Im Beispiel oben lautet eine korrekte Ausgabe:

```
OOOSONOSONOOOOSWWWSOOOSWWWSOOOSWSWWWWWWWSOOOOSWWWWSOOOOOOOO
```

Es gibt mehrere Ansätze. Verwenden Sie eine rekursive Lösung!

Aufgabe 2–40: Beispiel für Records   2.4.3

Geben Sie einen Record (möglichst mit Varianten) an, der eine bestimmte Sorte von Gegenständen aus ihrem Alltag in einem MODULA–2–Programm repräsentieren könnte. Geben Sie auch eine Anweisungsfolge an, durch die Ihr Record mit konkreten Werten belegt wird (unter Verwendung von WITH).

Aufgabe 2–41: Variant–Records   2.4.3

Welche beiden Vorteile bietet die Verwendung von Variant–Records und warum?

Aufgabe 2–42: Datenstruktur für geometrische Objekte   2.4.3

Für ein einfaches CAD–Grafiksystem soll eine Datenstruktur zur Speicherung des Bildschirminhalts entworfen werden. Weil die Zeichnungen bearbeitet und auf einem Plotter ausgegeben werden sollen, reicht eine pixelweise Speicherung nicht aus. Stattdessen müssen die logischen Objekte der Zeichnung mit allen relevanten Parametern in der folgenden Struktur gespeichert werden:

```
CONST
  MaxAnzahlObjekte = 100;
TYPE
  Objekt = ...;
VAR
  ObjektListe: ARRAY [1..MaxAnzahlObjekte] OF Objekt;
```

Die Variable *ObjektListe*[*i*] enthält dabei das *i*–te Zeichnungsobjekt, dessen Typ *Objekt* Sie in Form eines (Varianten–) Records entwerfen sollen.

Folgende Objekte kennt das Grafiksystem:

```
TYPE
  ObjektTyp =
      (dreieck, rechteck, kreis, ellipse, punkt, linie, text);
```

Die Parameter eines Objektes bestehen aus seiner Position und Größe sowie der Farbe und einem Füllmuster.

Überlegen Sie sich, wie Sie die einzelnen Objekte speichern können, und führen Sie ggf. noch weitere Typen ein.

$\boxed{\text{L}}$

Aufgabe 2–43: Zeigerstruktur   2.4.4

Stellen Sie die durch folgende Anweisungsfolge erzeugte Datenstruktur graphisch dar. Zeichnen Sie neben den dynamisch erzeugten Datenobjekten vom Typ *ElemTyp* auch die Verweise (Pointer) als Pfeile ein.

```
    ...
    TYPE PtrTyp  = POINTER TO ElemTyp;
         ElemTyp = RECORD
                       inhalt : CARDINAL;
                       a,b     : PtrTyp;
                   END (* RECORD *);
    VAR  Anfang,
         Ende     : PtrTyp;

    BEGIN
      ALLOCATE(Anfang,SIZE(ElemTyp));
      Anfang^.inhalt := 1;
      ALLOCATE(Anfang^.a,SIZE(ElemTyp));
      Anfang^.a^.inhalt := 2;
      ALLOCATE(Anfang^.b,SIZE(ElemTyp));
      Anfang^.b^.inhalt := 3;
      ALLOCATE(Ende,SIZE(ElemTyp));
      Ende^.inhalt := 4;
      Anfang^.a^.b := Ende;
      Anfang^.b^.a := Anfang^.a;
      Anfang^.a^.a := Anfang;
      Anfang := Anfang^.b;
      Anfang^.a^.a^.a := Ende;
      Anfang^.b := Anfang^.a^.a^.b;
      Anfang^.b^.b^.a^.b^.b := Ende;
      Ende := Anfang^.b;
      Ende^.a^.a^.a^.a := Anfang;
    END
```

$\boxed{\text{T}}\,\boxed{\text{L}}$

Aufgabe 2–44: Aufbau einer Zeigerstruktur   2.4.4

Es soll die folgende Struktur aufgebaut werden:

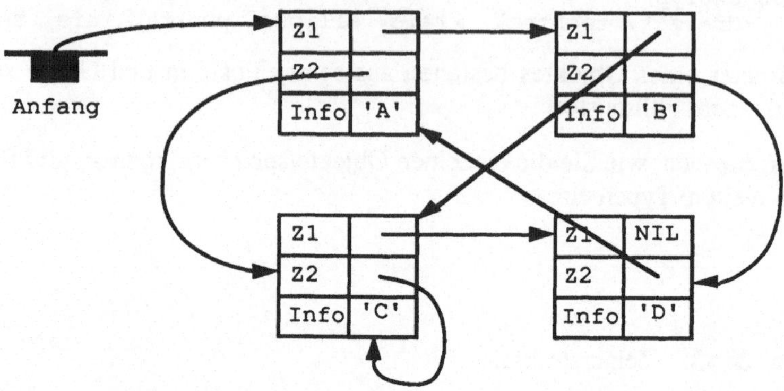

Abb. 2.7   Komplexe Zeigerstruktur

a) Geben Sie alle zum Aufbau dieser Struktur nötigen Deklarationen an. (Die
   Inhaltskomponente Info ist ein Buchstabe.)

b) Schreiben Sie eine MODULA–2–Anweisungsfolge, die die oben dargestellte Datenstruktur erzeugt, unter Verwendung der Deklarationen aus (a). Es dürfen keine
   Hilfsvariablen benutzt und keine zusätzlichen Datenelemente oder Verweise
   erzeugt werden.

c) Folgende Anweisungen beziehen sich auf die nun erzeugte Struktur. Geben Sie
   an, was ausgegeben wird.

```
Write(Anfang^.Z2^.Z1^.Z2^.Info);
Write(Anfang^.Z1^.Z1^.Z1^.Info);
Write(Anfang^.Z2^.Z2^.Z1^.Info);
Write(Anfang^.Z1^.Z1^.Z2^.Z2^.Info);
Write(Anfang^.Z2^.Z2^.Z1^.Z2^.Z1^.Info);
```

L

Aufgabe 2–45: Dynamische Variablen   2.4.4

Weshalb ist es durch die Sprache MODULA–2 ausgeschlossen, daß dynamische
Variablen im Kellerspeicher liegen?

L

Aufgabe 2–46: Realisierung eines Gittergraphen   **2.4.4, 2.4.3**

Ein Gittergraph ist ein verbundener Graph mit Knoten, die auf einem zugrunde-
liegenden Gitter liegen müssen. Benachbarte Knoten sind grundsätzlich miteinander
verbunden (doppelte Verkettung); andere Kanten gibt es nicht im Graphen.

Beispiel:

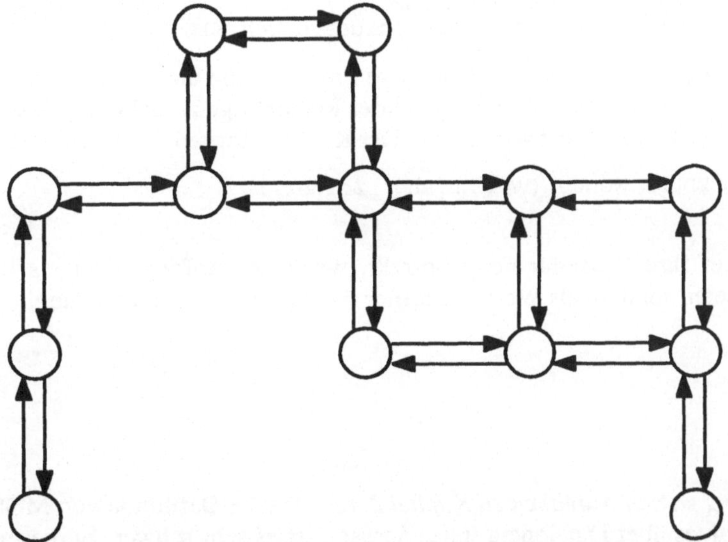

Abb. 2.8   Gittergraph

Sie sollen einen derartige Struktur auf der Halde realisieren, wobei der Anker auf
einen beliebigen Knoten des Graphen weisen kann.

a) Entwerfen Sie eine geeignete Datenstruktur, um einen Gittergraphen darzustellen.

b) Schreiben Sie eine Funktionsprozedur *KnotenZahl*, die die Anzahl der Knoten in
   einem Gittergraphen bestimmt. Sie können, wenn es nötig wird, die vorher
   definierte Datenstruktur erweitern. *Hinweis:* Hier bietet sich eine rekursive Lösung
   an!

c) Um *KnotenZahl* testen zu können, sollten Sie einen konkreten Gittergraphen
   aufbauen. Schreiben Sie dazu eine Prozedur *ErzeugeKnoten*, die als Parameter
   einen bereits existierenden Knoten übergeben bekommt, sowie eine Angabe, in
   welcher Richtung relativ zu diesem der neue Knoten angehängt werden soll.
   Achtung! Welches Problem entsteht hier? Wie könnte man es lösen? *(schwierig)*

T L

Aufgabe 2–47: Umkehren einer Liste   **2.4.4**

Ihnen ist eine Kette vorgegeben mit folgenden Deklarationen:

```
TYPE Zeiger  = POINTER TO Element;
     Element = RECORD
                  Inhalt: InhaltsTyp;
                  Next  : Zeiger;
               END (* RECORD *);
VAR Anker : Zeiger; (* Abschluss durch NIL *)
```

a) Schreiben Sie eine effiziente, iterative Prozedur, die die Kette (Länge $n \geq 0$) als
   Parameter bekommt und in umgekehrter Reihenfolge zurückgibt. Diese Prozedur
   darf ALLOCATE nicht verwenden! Der Kopf der Prozedur soll so aussehen:

```
PROCEDURE Wende (VAR Anfang: Zeiger);
```

(schwierig!)

b) Arbeitet Ihre Prozedur noch korrekt, wenn der Anfang nicht als Referenz–
   Parameter, sondern als Wert–Parameter übergeben wird? Begründung!

$\boxed{\text{T}}\ \boxed{\text{L}}$

Anmerkung zu den Aufgaben zu Kapitel 2.4.5: Da die Definition von MODULA–2
nichts exaktes über Dateioperationen aussagt, ist es sehr schwer, zu diesem Thema
Übungsaufgaben zu stellen. Was mit dem einen MODULA–2–System sehr einfach zu
programmieren ist, erfordert bei einem anderen Compiler ein intensives Sich–
vertraut–Machen mit dem Betriebssystem. Wir empfehlen daher als Übung zum
Abschnitt 2.4.5, sich selbständig mit der Dateischnittstelle des eigenen MODULA–
2–Systems zu beschäftigen, sich das eine oder andere Beispielprogramm zu über–
legen und zu implementieren.

Die nachfolgenden Aufgaben (und noch mehr ihre Lösungen) sind also nur als An–
regung zu verstehen.

Aufgabe 2–48: Unformatierte Ein–Ausgabe   **2.4.5**

Sie sollen in dieser Aufgabe die unformatierte Ein–Ausgabe (im Skriptum in Pro–
gramm P2.52 eingeführt) nachvollziehen. Schreiben Sie ein MODULA–2–Pro–
gramm, das ein Datenelement *beliebigen* Typs auf eine temporäre Datei schreibt und
dieses danach wieder herausliest.

Das Programm soll die folgenden Prozeduren enthalten:

```
PROCEDURE SchreibeInDatei (Daten:  ARRAY OF BYTE;
                           VAR OK: BOOLEAN);

(* legt eine neue Hilfsdatei unter dem Namen "TMP" an,
   schreibt Data unformatiert hinein und schliesst die
   Datei wieder. OK gibt an, ob das Schreiben
   erfolgreich war.
*)

PROCEDURE LiesAusDatei (VAR Daten: ARRAY OF BYTE;
                        VAR OK:     BOOLEAN);

(* oeffnet die Hilfsdatei "TMP", liest soviel vom Inhalt,
   wie in der Variablen Daten Platz hat, schliesst die
   Datei wieder und loescht sie. OK gibt an, ob das Lesen
   erfolgreich war.
*)
```

Rufen Sie die Prozeduren in einem Hauptprogramm auf und zeigen Sie, daß tatsächlich Objekte verschiedener Typen und Größen geschrieben und gelesen werden können (was natürlich normalerweise nicht sinnvoll ist).

Nehmen Sie sich Programm P2.52 als Vorlage und ziehen Sie die Dokumentation Ihres MODULA–2–Systems zu Rate!

$$\boxed{\text{L}}$$

Aufgabe 2–49: Verwaltung eines Hintergrundspeichers   2.4.5,   6.6.1

In der Praxis arbeiten Rechner oft mit mehr Daten, als gleichzeitig in den Hauptspeicher passen. Es wird dann jeweils nur der gerade benötigte Ausschnitt des Datenbestandes im Hauptspeicher gehalten, während der Rest auf Dateien ausgelagert ist, die normelerweise auf dem sogenannten *Hintergrundspeicher* stehen.

In dieser Aufgabe sollen Sie ein derartiges System im Kleinen nachbauen.

a) Erstellen Sie mit Hilfe eines kurzen Programms eine Datei mit den 1000 CARDINAL–Zahlen 2, 4, 6, ..., 1998, 2000. Dies ist Ihre Datenbasis.

b) Schreiben Sie ein Programm, welches die i–te Zahl aus der Datei auf dem Bildschirm anzeigt, wobei i zwischen 1 und 1000 beliebig vom Benutzer eingegeben werden kann. Um die Zahl der Dateizugriffe klein zu halten, soll jeweils ein Ausschnitt von 100 Zahlen in einem Feld im Hauptspeicher gehalten werden. Nur wenn die gewünschte Zahl nicht in diesem Feld vorhanden ist, wird auf die Datei zugegriffen und die gewünschte Zahl sowie ein neuer Ausschnitt von 100 Zahlen um diese Zahl herum geladen.

Kapseln Sie Ihren Algorithmus in einer Funktionsprozedur

```
DateiElement(i: INTEGER): CARDINAL;
```

Diese Prozedur soll das *i*–te Dateielement zurückgeben, ohne daß das aufrufende Programm sich um die Dateiverwaltung kümmern muß.

$\boxed{\text{L}}$

Aufgabe 2–50: Typbindung   2.4

An welchen Stellen ist die Typbindung in MODULA–2 "undicht", d.h. mit Hilfe welcher Konstrukte kann das strenge Typkonzept umgangen werden?

$\boxed{\text{L}}$

3. Abstraktion

3.1 Abstraktionskonzepte in Programmiersprachen

Aufgabe 3–1:   Information Hiding   3.1

Was versteht man unter "information hiding"? Unter welchen beiden Aspekten verbessert dieser Ansatz die Qualität von Programmen und warum?

$\boxed{\text{L}}$

Aufgabe 3–2:   Datenabstraktion   3.1

Was bedeutet "Datenabstraktion"? Welche beiden Möglichkeiten der Datenabstraktion werden im Skriptum genannt?

$\boxed{\text{S}}$

3.2 Abstraktion in MODULA–2

Aufgabe 3–3:   Übersetzungs–Reihenfolge   3.2.1, 3.2.2

In einem Programmsystem liegen die folgenden Importbeziehungen zwischen den *Definitionsmodulen* vor:

	R	G	I	T	O	D	E	H	N
R									
G	●		●						
I	●								
T			●					●	
O	●			●		●		●	
D		●		●					
E			●		●	●			●
H		●	●						
N	●				●			●	

Abb. 3.1 Importbeziehungen (Lies z.B.: Modul D importiert aus G und T.)

a) In welcher Reihenfolge müssen die Module übersetzt werden?

b) Ist es notwendig, die Importlisten der Implementationsmodule zu kennen, um eine mögliche Übersetzungsreihenfolge für sie anzugeben? Begründen Sie!

c) Gibt es eine korrekte Übersetzungsreihenfolge, wenn das Definitionsmodul O zusätzlich aus N importieren würde? Was schließen Sie daraus?

$\boxed{\text{T}}\boxed{\text{L}}$

Aufgabe 3–4:   Zufallszahlengenerator   3.2.3

Gegeben ist die folgende Formel zur Bildung einer Zufallszahl Z nach Nievergelt:

```
Z = ((125 * Z') MOD 8192)
```

(Z' ist der vorherige Wert von Z. Die erzeugten Zufallszahlen liegen zwischen 0 und 2047.)

Implementieren Sie eine Datenkapsel *ZufallsModul*, die eine Prozedur *ZufallsZahl* zur Verfügung stellt, welche fortlaufend neue Zufallszahlen nach der obigen Formel liefert. Beachten Sie, daß die Datenkapsel vor dem ersten Aufruf von *ZufallsZahl* eine Initialisierung für den Wert von Z' garantieren muß.

Ergänzung: In der Regel wird man natürlich nicht gerade Zufallszahlen aus dem Bereich 0..2047 benötigen. Ändern Sie die Prozedur *ZufallsZahl* so ab, daß frei wählbare Unter– und Obergrenzen (in diesem Bereich) als Parameter übergeben werden können.

$\boxed{\text{L}}$

Aufgabe 3–5:   Prinzip des Abstrakten Datentyps   3.2.4

Durch welche beiden Merkmale wird ein abstrakter Datentyp anschaulich definiert? Nennen Sie einige Vor– und Nachteile des ADT–Konzepts.

$\boxed{\text{S}}$

Aufgabe 3–6:   Umwandlung eines Typs in einen ADT   3.2.4

Aus einem Programm sind nachfolgend einige typische Anweisungen wieder-
gegeben, die einen Typ *ErgebnisTyp* betreffen:

```
CONST NamenLaenge   = 20;
      MaxErgebnisse = 10;

TYPE ErgebnisTyp
     = RECORD
           Name              :ARRAY[1..NamenLaenge] OF CHAR;
           Ergebnisse        :ARRAY[1..MaxErgebnisse] OF CARDINAL;
           ZahlErgebnisse:CARDINAL;
         END;
...
VAR x, y, z: ErgebnisTyp;
...
WITH x DO
  Name             := "A. Mueller
  ZahlErgebnisse := 0;
END;
...
WITH x DO
  IF ZahlErgebnisse < MaxErgebnisse
  THEN
    INC (ZahlErgebnisse);
    Ergebnisse [ZahlErgebnisse] := Ergebnis1;
  ELSE
    WriteString ("Error");
  END;
END;
...
Summe := 0;
WITH x DO
  FOR i := 1 TO ZahlErgebnisse DO
    Summe := Summe + Ergebnisse[i];
  END (* FOR *);
  Durchschnitt := FLOAT(Summe) / FLOAT(ZahlErgebnisse);
END (* WITH *);
WriteReal(Durchschnitt,8);
...
```

Aus dem Typ *ErgebnisTyp* soll nun ein Abstrakter Datentyp werden.

a) Geben Sie (ausgehend von den gezeigten Operationen) ein geeignetes Definitionsmodul an.

b) Geben Sie das zugeordnete Implementationsmodul an.

c) Wie sehen nun die Angaben betreffend *ErgebnisTyp* im Hauptprogramm aus?

[T] [L]

Aufgabe 3–7:   Vektoren   **3.2.4**

Entwerfen Sie einen ADT, mit dessen Hilfe Vektoren beliebiger Dimension verwaltet werden können. Die Koordinaten[1] sollen wie die Elemente eines Arrays durch einen Index (1 bis n) bezeichnet werden, aber die Dimension der Vektoren bleibt unbestimmt und kann sich jederzeit ändern. Die Anwender des ADTs können die Koordinaten einzeln mit der Prozedur *Setze* besetzen; nicht besetzte Koordinaten sollen automatisch den Wert null haben. Ferner soll es möglich sein, Vektoren zu addieren. Schließlich können die Koordinaten des Vektors einzeln abgefragt werden. Die Operationen des ADTs sind vorgegeben:

```
PROCEDURE Neu      (VAR V: Vektor);
PROCEDURE Setze    (VAR V: Vektor; Ind: CARDINAL; Wert: REAL);
PROCEDURE Inhalt   (    V: Vektor; Ind: CARDINAL): REAL;
PROCEDURE Loesche (VAR V: Vektor);
PROCEDURE Add      (    V1, V2: Vektor; VAR V3: Vektor);
```

Beispiel:

$$S1 = \begin{pmatrix} 4 \\ 0 \\ 6 \end{pmatrix} \quad \text{wird erzeugt durch}$$

```
Neu   (S1);
Setze (S1, 1, 4.0);
Setze (S1, 3, 6.0);
```

a) Geben Sie das Definitionsmodul und das Implementationsmodul des ADTs an. Die Datenstruktur muß so gewählt werden, daß sehr lange Vektoren, deren meiste Koordinaten null sind, nur wenig Speicherplatz beanspruchen. Die Information, wieviele Dimensionen ein konkreter Vektor hat, soll der Einfachheit halber keine Rolle spielen.

   Die Prozeduren *Setze* und *Add* sind die schwierigsten.

b) Schreiben Sie einen einfachen Testrahmen, mit dem Sie interaktiv die korrekte Arbeitsweise Ihres ADTs überprüfen können.

$\boxed{\text{T}}\,\boxed{\text{L}}$

Aufgabe 3–8:   Kapselung vs. ADT   **3.2**

Unter welchen Umständen ist die Verwendung einer Datenkapsel sinnvoll, wann die eines ADTs?

$\boxed{\text{L}}$

---

[1]Unter den Koordinaten eines Vektors verstehen wir hier, wie in der Mathematik üblich, seine einzelnen Elemente; ein dreidimensionaler Vektor hat also zum Beispiel drei Koordinaten.

4. Semantik, Verifikation und Test

4.1 Konzepte für die Semantikdefinition

Aufgabe 4–1: Denotationale Semantik $\qquad$ 4.1.2

Definieren Sie für die folgenden Anweisungen die semantische Funktion F der denotationalen Semantik, und zwar in der Form "F [<Anweisung>] $(z) = ...$". Die Menge der Zustände Z_p soll dabei als eine Menge von Abbildungen der Variablennamen V auf den INTEGER–Zahlenbereich INT (den wir zur Vereinfachung als unbegrenzt betrachten) aufgefaßt werden:

$$Z_p : V \to INT, \qquad \text{also zum Beispiel } z_1(x) = 5,$$
$$\text{wenn } x \text{ im Zustand } z_1 \text{ den Wert 5 hat.}$$

Außerdem können Sie die Schreibweise "$z <v \leftarrow w>$" verwenden, um den Zustand zu bezeichnen, den man erhält, wenn man im Zustand z die Variable v auf den Wert w setzt und alle anderen Variablen unverändert läßt.

a) `(* leere Anweisung *)`

b) `x := x + 1`

c) `IF y = 0 THEN r := t - 1 ELSE r := t * t END`

$\boxed{\text{L}}$

Aufgabe 4–2: Spracherweiterung für MINI $\qquad$ 4.1.3

Die Programmiersprache MINI (vgl. Abschnitt 4.1.3 im Skriptum) soll um die aus MODULA–2 bekannte repeat–Anweisung erweitert werden. Es entsteht dadurch die Sprache MINI+ mit folgender Syntax–Ergänzung:

$$\text{Anweisung} \to \ ...$$
$$| \ \text{"repeat" Anweisung "until" Bezeichner "=0"}$$

Wie muß die operationale Semantik von MINI für MINI+ erweitert werden?

$\boxed{\text{T}}\,\boxed{\text{L}}$

Aufgabe 4–3:   Berechnung in MINI   **4.1.3**

Geben Sie in der Schreibweise der operationalen Semantik an, wie das folgende
MINI–Programm P die Eingabe 3, 2 verarbeitet (siehe auch Abschnitt 4.1.3 im
Skriptum).

```
read x,y;
y := 0;
while x ≠ 0 do
  if y = 0 then
     y := y+1
  else
     y := y-1
  end;
  x := x-1
end;
write y.
```

Welche Funktion berechnet P?

$\boxed{\text{T}}\boxed{\text{L}}$

4.2   Spezifikation und Verifikation von Programmen

Aufgabe 4–4:   Prinzip der schwächsten Vorbedingung   **4.2.1**

a) Warum arbeitet man bei der Programmverifikation vorzugsweise rückwärts, also
   von der Nach– zur Vorbedingung?

b) Warum suchen wir nicht nach *irgendeiner* hinreichenden, sondern nach der
   schwächsten Vorbedingung?

$\boxed{\text{S}}$

Aufgabe 4–5:   Vorbedingung TRUE   **4.2.1**

Welche Art von Programmen hat als schwächste Vorbedingung TRUE? Geben Sie
Beispiele!

$\boxed{\text{L}}$

Aufgabe 4–6:   Semantik für CASE   4.2.2

Definieren Sie die Semantik der CASE–Anweisung in MODULA–2. Geben Sie dazu
die schwächste Vorbedingung der folgenden Konstruktion an:

```
CASE x OF            (* cll = case label list *)
   cll1 : S1;
 | cll2 : S2;
     ...
 | clln : Sn;
   ELSE    Sn+1;
END (* CASE *)
```

L

Aufgabe 4–7:   Programmverifikation   4.2.2

Gegeben ist die folgende Spezifikation eines Programmteils, die eine Vorbedingung P
und eine Nachbedingung Q angibt:

$$P \equiv \{ -2 \le y \le -1 \}; \quad Q \equiv \{ y > 0 \}$$

Gegeben ist weiterhin folgendes Programmfragment:

```
VAR x,y: INTEGER,
...
x := -y;
IF x >= 5 THEN y := x+y ELSE y := x-y;
```

Genügt dieses Programmfragment der obigen Spezifikation?

T L

Aufgabe 4–8:   Programmerifikation   4.2.2

Im folgenden Programmstück sind die Vor– und Nachbedingungen P und Q
gegeben, das Programm ist also spezifiziert.

```
VAR a, b: INTEGER;
...
(* P: (b >= -3) AND (b <= 0) *)

a := -b;
IF a >= 6 THEN  b := a + b  ELSE  b := a - b  END;

(* Q: (b > 0) AND (b <= 4) *)
```

a) Bestimmen Sie zur Nachbedingung Q die schwächste Vorbedingung.
b) Ist das Programmstück korrekt?

L

Aufgabe 4–9:   Partielle Korrektheit   **4.2.3**

Welche praktischen Probleme sind bei Programmen zu erwarten, die nur partiell korrekt sind?

$$\boxed{\text{L}}$$

Aufgabe 4–10:   Invariante   **4.2.4**

Wann genau gilt die Invariante einer Iteration?

$$\boxed{\text{S}}$$

Aufgabe 4–11:   Verifikation   **4.2.4**

Gegeben ist das folgende Programmfragment. Seine Nachbedingung ist $a = n^3$, mit $n \in \mathbb{N}$. Es handelt sich also um einen (etwas trickreichen) Algorithmus, der die dritte Potenz einer natürlichen Zahl *ohne* Multiplikationen berechnet. ($6n$ kann einmal vorher bestimmt werden.)

```
a := 0; b := 1; c := 0;
WHILE c < 6*n DO
  a := a + b;
  c := c + 6;
  b := b + c;
END;
```

a) Geben Sie die Invariante an und beweisen Sie diese durch Induktion! *(schwierig!)*

b) Beweisen Sie die Nachbedingung!

c) Was fehlt noch für eine vollständige Verifikation?

$$\boxed{\text{T}}\ \boxed{\text{L}}$$

Aufgabe 4–12:   Stringvergleichs–Prozedur   4.2.5

Eine Funktionsprozedur *StrVgl* besitzt zwei Parameter des Typs *WortTyp* = ARRAY [1..*Max*] OF CHAR, die je ein Wort enthalten, wobei nur Großbuchstaben verwendet werden. Beide Felder sind mit Leerzeichen (Blanks) aufgefüllt.

Die Funktionsprozedur *StrVgl* vergleicht beide Zeichenreihen und liefert als Ergebnis einen Wert des Typs *VglResTyp* = (*vor, gleich, nach*).

Beispielsweise liefern die Aufrufe   die Ergebnisse

```
StrVgl ("ALPHA  ", "BETA   ")        vor
StrVgl ("GAMMA  ", "GAMMA  ")        gleich
StrVgl ("NACHT  ", "NACH   ")        nach
StrVgl ("KLAUS  ", "KLAUSUR")        vor
```

(Hierbei ist *Max*=7.) Das zugrundeliegende Alphabet ist durch den ASCII–Code definiert. In MODULA–2 gilt wie üblich die alphabetische Ordnung zwischen den Zeichen (nicht aber zwischen großen und kleinen Buchstaben).

a) Beschreiben Sie das Resultat der Funktion formal.

b) Entwerfen Sie für eine iterative Lösung Invariante, Vor– und Wiederhol–
    (oder Abbruch–) bedingung.

c) Implementieren Sie die Funktionsprozedur *StrVgl* vollständig.

L

4.3   Test

Aufgabe 4–13: Wege in einem Programm   4.3.3

Das folgende durch sein Flußdiagramm gegebene Programm führt eine ganzzahlige
Division (mit Rest) mit den Eingabewerten p und q durch (also $e = p$ DIV q,
$r = p$ MOD q). In den Teilaufgaben (i) bis (v) sind Wege durch das Programm
angegeben. Ermitteln Sie jeweils einen Testdatensatz (p, q) für jeden dieser Wege.

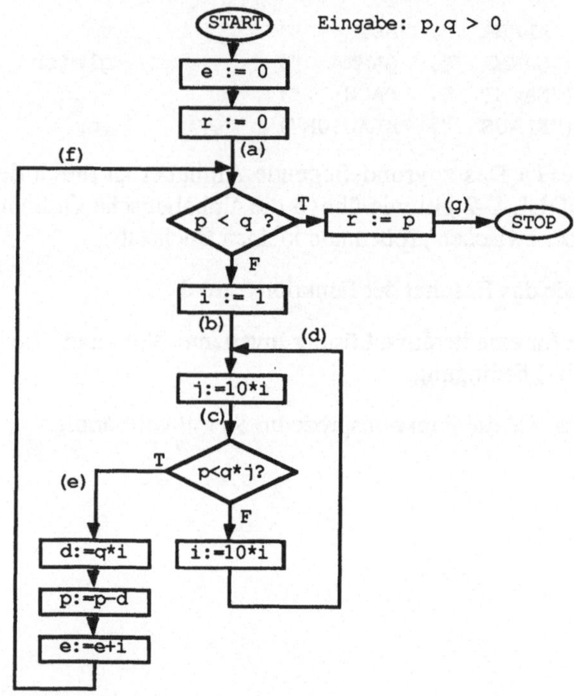

Abb. 4.1   Flußdiagramm

i)   (a) (g)

ii)   (a) (b) (c) (e) (f) (g)

iii)   (a) (b) (c) (d) (c) (d) (c) (d) (c) (e) (f) (g)

iv)   (a) (b) (c) (d) (c) (d) (c) (e) (f) (b) (c) (d) (c) (d) (c) (e) (f) (g)

v)   (a) (b) (c) (d) (c) (e) (f) (b) (c) (e) (f) (b) (c) (e) (f) (g)

Aufgabe 4–14: Testrahmen für eine String–Prozedur   **4.3**

Schreiben Sie einen Testrahmen für das folgende Modul, das eine einzige String-
verarbeitungs–Funktion enthält. Der Testrahmen soll Files mit Testdatensätzen und
Sollresultaten einlesen und die Ergebnisse der einzelnen Tests in einer zweckmäßigen
Form auf den Bildschirm schreiben. Stellen Sie sich vor, daß dieser Testrahmen das
Modul während seiner Lebensdauer begleiten und bei späteren Änderungen eine
möglichst einfache Kontrolle erlauben soll.

Erstellen Sie ein Testdatenfile und testen Sie das Modul damit. (*Hinweis:* Die Prozedur enthält einen Fehler, den Ihre Daten aufdecken sollten. Korrigieren Sie den
Fehler und testen Sie erneut.)

```
DEFINITION MODULE StringMod;
   PROCEDURE StringCopy( Quelle   : ARRAY OF CHAR;
                          VAR Ziel : ARRAY OF CHAR );
    (* Die Parameter sind Strings, die entweder das gesamte
       Feld ausfüllen oder mit CHR(0) abgeschlossen sind.
       StringCopy kopiert den String Quelle nach Ziel, wobei
       der alte Inhalt von Ziel überschrieben wird. Falls
       Ziel zu kurz ist, wird der Rest von Quelle
       abgeschnitten. *)
END StringMod.

IMPLEMENTATION MODULE StringMod;
   PROCEDURE StringCopy ( Quelle   : ARRAY OF CHAR;
                           VAR Ziel : ARRAY OF CHAR );
     (* ACHTUNG, FEHLERHAFT ! *)
     VAR i: CARDINAL;
   BEGIN (* StringCopy *)
     i := 0;
     LOOP
         IF Quelle[i] # CHR(0) THEN Ziel[i] := Quelle[i] END;
         INC(i);
         IF (i>HIGH(Quelle)) OR (Quelle[i]=CHR(0)) OR
            (i>HIGH(Ziel)) THEN EXIT END;
     END (* LOOP *);
     IF i <= HIGH(Ziel) THEN
        Ziel[i] := CHR(0);
     END (* IF *);
   END StringCopy;
END StringMod.
```

L

5. Programmierparadigmen

Das Kapitel 5 des Skriptums ist als ein erster Überblick der verschiedenen heute bekannten Programmierparadigmen gedacht und soll keinen prüfbaren Stoff vermitteln. Es ist darum schwierig, hierzu Aufgaben wie für die anderen Kapitel zu stellen. Wir empfehlen, sich zur Vertiefung selbständig und unter Zuhilfenahme des Skriptums mit den folgenden Fragen zu beschäftigen.

Aufgabe 5–1: Beispiele für die verschiedenen Paradigmen **5**

Ordnen Sie die in Abschnitt 5.2 des Skriptums aufgeführten Programmiersprachen den in 5.1 vorgestellten Paradigmen zu.

Aufgabe 5–2: Die universelle Programmiersprache? **5**

Wieso gibt es eine so große Zahl von Programmiersprachen? Warum werden immer wieder neue entwickelt? Warum kann es nicht eine alles umfassende Sprache, die universelle Programmiersprache geben?

Aufgabe 5–3: Problemstellungen **5**

Überlegen Sie sich Problemstellungen, die mit Hilfe eines Programmierparadigmas gut, mit Hilfe der anderen jedoch nur umständlich gelöst werden können. Warum ist das der Fall?

Aufgabe 5–4: Alte Programmiersprachen **5**

Nennen Sie Gründe, warum so "niedrige", "alte" Programmiersprachen, wie Basic, Fortran und Cobol heute noch in so großem Maß verwendet werden.

6. Datenstrukturen und Algorithmen

6.1 Effizienz und Komplexität

Aufgabe 6–1:   Asymptotische Aufwandsabschätzung, Schranken   6.1

Sei g die zu einem Algorithmus gehörende Aufwandsfunktion. Im Skriptum wird in Abschnitt 6.1.2 erklärt, wie sich eine solche Funktion mittels *oberer, unterer* und *exakter* Schranken asymptotisch abschätzen läßt.

Geben Sie zu der Funktion $g(n) = n^3 + 3n + \log(n) + 0.25$ jeweils

a) drei verschiedene Funktionen f_{o1}, f_{o2}, f_{o3} an, die obere Schranken von g sind, also mindestens so schnell wachsen wie g,

b) drei verschiedene Funktionen f_{u1}, f_{u2}, f_{u3} an, die untere Schranken von g sind, also höchstens so schnell wachsen wie g,

c) zwei verschiedene Funktionen f_{ex1}, f_{ex2} an, die exakte Schranken von g sind, also genauso schnell wachsen wie g.

L

Aufgabe 6–2:   Aufwandsabschätzung   6.1

Die folgende (sinnlose) Prozedur ist gegeben:

```
PROCEDURE PruefProc (P1, P2: INTEGER);
BEGIN
   WriteInt (P1, 10); WriteInt (P2, 10); WriteLn;
   IF P1 > 0 THEN
      FOR i := 1 TO P2 DO PruefProc (P1-1, P2) END;
   END;
END PruefProc;
```

a) Geben Sie den asymptotischen Aufwand (z.B. linear oder polynomial) für eine Ausführung von *PruefProc* in Abhängigkeit von P1 an!

b) wie (a), aber in Abhängigkeit von P2.

L

6.2   Graphen und Bäume

Aufgabe 6–3:   Grapheigenschaften   6.2.1

a) Klassifizieren Sie die unten abgebildeten Graphen nach den Eigenschaften *gerichtet / ungerichtet, schlingenlos / nicht schlingenlos, zyklisch / azyklisch* und *(stark) zusammenhängend / nicht zusammenhängend.*

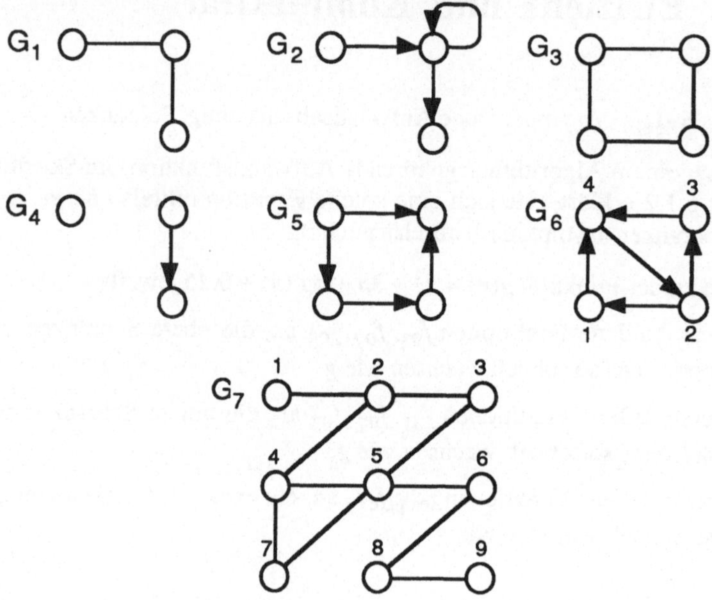

Abb. 6.1   Verschiedene Graphen

b) Übersetzen Sie G_6 in die Mengen–Schreibweise aus dem Skriptum.

c) Gibt es in G_7 einen Kantenzug der Länge 9? Einen Weg der Länge 9 oder der Länge 8?

L

Aufgabe 6–4:   Zusammenhängende und azyklische Graphen   6.2.1

a) Sei G ein gerichteter Graph mit n Knoten. Wieviele Kanten muß G mindestens besitzen, damit G zusammenhängend ist?

b) Wieviele Kanten kann ein azyklischer, gerichteter Graph mit n Knoten maximal besitzen?

$\boxed{\text{T}}\,\boxed{\text{L}}$

Aufgabe 6–5:   Hamiltonscher Zyklus, Färbungsproblem   6.2.1

Gegeben sei ein ungerichteter Graph $G = (V, E)$ mit

$$V = \{\ 1, 2, 3, 4, 5, 6, 7, 8, 9, 10\ \}\ \text{und}$$

$$E = \{\ (1, 2),\ (1, 5),\ (1, 10),\ (2, 3),\ (2, 9),\ (3, 4),\ (3, 8),\ (4, 5),$$
$$(4, 7),\ (5, 6),\ (6, 8),\ (6, 9),\ (7, 9),\ (7, 10),\ (8, 10)\ \}.$$

a) Stellen Sie fest, ob G einen Hamiltonschen Zyklus (d.h. in diesem Fall einen Zyklus der Länge 10) besitzt.   *(schwierig)*

b) Überlegen Sie, wieviel Farben man mindestens benötigt, um die Knoten von G so zu färben, daß keine zwei direkt verbundenen Knoten dieselbe Farbe erhalten.

$\boxed{\text{T}}\,\boxed{\text{L}}$

Aufgabe 6–6:   Eigenschaften von Bäumen   **6.2.2**

Klassifizieren Sie die unten abgebildeten Bäume hinsichtlich der Eigenschaften *Beschränktheit*, *Gleichverzweigtheit* und *Ausgeglichenheit*.

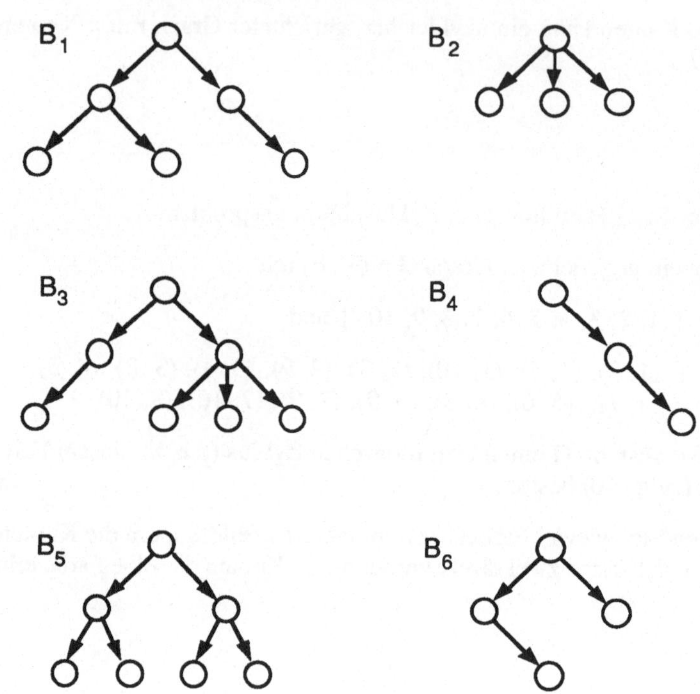

Abb. 6.2   Verschiedene Bäume

L

Aufgabe 6–7:   Eindeutigkeit von Binärbaum–Durchläufen   **6.2.2,   2.2.6**

a) Sie erhalten eine Folge von Zahlen, von der Ihnen gesagt wird, es handele sich um die (eindeutigen) Knotenschlüssel eines Binärbaums, gelesen in *Preorder*–Reihenfolge. Können Sie daraus den ursprünglichen Baum eindeutig rekonstruieren?

b) Sie erhalten nun *zwei* Folgen von Zahlen, einmal die *Preorder*– und einmal die *Inoder*–Reihenfolge der Knoten desselben Binärbaums. Ist hier eine eindeutige Rekonstruktion möglich?

Geben Sie in beiden Teilaufgaben, falls möglich, einen entsprechenden Konstruktionsalgorithmus (in Pseudocode) an.

T L

Aufgabe 6–8: Baumdarstellungen												6.2.2

Ein Betriebssystem ist aus unerfindlichen Gründen "abgestürzt", und Sie sind mit der Analyse des Fehlers beauftragt worden. Zum Fehlerzeitpunkt wurde der Zustand wichtiger interner Datenstrukturen vom System protokolliert. Sie besitzen Ausdrucke dieser Daten, von denen Sie sich wichtige Aufschlüsse versprechen. Einer davon ist der folgende:

Ind	Nod	Son	End
1	I	2	FALSE
2	E	7	TRUE
3	D	4	FALSE
4	A	5	FALSE
5	B	0	TRUE
6	C	0	FALSE
7	F	0	TRUE
8	G	0	TRUE
9	H	0	FALSE

Sie wissen aus der Dokumentation, daß es sich um die *family–order–sequentielle* Darstellung eines Baumes handelt, analog zu Abb. 6.18 im Skriptum. Das Feld *Ind* enthält den Array–Index, *Nod* den Namen des Knotens, *Son* den Index seines am weitesten links stehenden Sohnes (0 = es gibt keinen Sohn); *End* gibt an, ob es sich um den letzten Knoten in der jeweiligen "Bruderreihe" handelt.

Rekonstruieren Sie aus diesen Angaben eine graphische Repräsentation der Baumstruktur!

L

6.3   Suchen in gegebenen Datenstrukturen

Aufgabe 6–9:   Aufwand für Suchalgorithmen   **6.3.1, 6.1**

Gegeben ist das folgende Feld:

```
VAR T: ARRAY [1..n] OF INTEGER;
```

Es seien darin n Zahlen in aufsteigender Ordnung gespeichert, und wir möchten eine bestimmte Zahl suchen. Das Skriptum nennt dazu zwei verschiedene Verfahren: *lineare* und *binäre* Suche (Abschnitt 6.3.1). Für große n ist die binäre Suche vorzuziehen, für kleine n lohnt sich jedoch der komplexere Algorithmus nicht. Schätzen Sie ab, bis zu welchem n die lineare Suche effizienter ist.

Legen Sie dazu die Algorithmen aus dem Skriptum zugrunde (linear mit Sentinel, binär nach Algorithmus C). Als zeitrelevant (und aufwandsgleich) sollen dabei nur Vergleiche und arithmetische Operationen (+, –, INC, DIV) angenommen werden. Gehen Sie außerdem vom "worst case" aus, also dem Fall, daß das gesuchte Element nicht im Array vorhanden ist.

$\boxed{\text{L}}$

Aufgabe 6–10: Zweidimensionale Suche (nach Nievergelt)   **6.3.1, 6.1**

Ein Feld a ist folgendermaßen definiert:

```
CONST n = ...;
      m = ...;

VAR   a: ARRAY [1..n, 1..m] OF INTEGER;
```

Die Zahlen in den Spalten und in den Zeilen seien jeweils aufsteigend sortiert, es gelte also:

$$a[i, j] \le a[i, j+1] \text{ für } i = 1, ..., n \text{ und } j = 1, ..., m-1;$$
$$a[i, j] \le a[i+1, j] \text{ für } i = 1, ..., n-1 \text{ und } j = 1, ..., m;$$

a) Entwerfen Sie einen Algorithmus, der feststellt, ob eine vorgegebene Zahl x in a abgespeichert ist. Der Algorithmus soll bezüglich der Anzahl der Vergleiche möglichst effizient arbeiten.

b) Realisieren Sie Ihren Algorithmus durch eine Prozedur

```
PROCEDURE IstImFeld (x: INTEGER): BOOLEAN;
```

und testen Sie diese mit einem geeigneten Rahmenprogramm.

c) Geben Sie für Ihren Algorithmus eine Aufwandsabschätzung bezüglich der Anzahl der Vergleiche mit Feldelementen an.

$\boxed{\text{T}}\,\boxed{\text{L}}$

Aufgabe 6–11:   Analyse von KMP und BM   6.3.2

Im Skriptum haben Sie den Algorithmus von Boyer und Moore und denjenigen von Knuth, Morris und Pratt, kurz BM und KMP genannt, als schnelle Verfahren zur Stringsuche kennengelernt. In dieser Aufgabe sollen Sie deren Verhalten in einigen Spezialfällen untersuchen.

a) Nehmen Sie an, daß der String und der Text, in dem dieser String gesucht werden soll, wie folgt aufgebaut sind (es gelte $n \gg m$) :

  String = "aa...ax"   (m–mal "a", am Schluß ein "x")
  Text = "aa...axaa...aa" (n–mal "a", darin an beliebiger Stelle ein "x")

  Welcher der beiden Algorithmen ist in diesem speziellen Fall vorzuziehen? Begründen Sie Ihre Antwort.

b) Welcher Algorithmus ist besser, wenn der Buchstabe "x" im String an zweitletzter statt an letzter Stelle steht? Wie ändert sich der Vergleich, wenn das "x" weiter nach vorn wandert? *(schwierig)*

$\boxed{\text{L}}$

Aufgabe 6–12:   Suchalgorithmus   6.3.2

In einem Text (VAR Text : ARRAY [0..t-1] OF CHAR) sollen Patterns der Form "xxxxxxxx" gesucht werden, also n–fache Wiederholungen desselben Zeichens Z (hier Z = "x" und n=8).

a) Entwerfen und implementieren Sie eine Prozedur

```
PROCEDURE GibPos (Z: CHAR; n: CARDINAL): CARDINAL
```

  die als Resultat entweder den Anfangsindex des ersten Vorkommens des Patterns oder, wenn es nicht enthalten ist, t liefert. Die Prozedur soll für große n so effizient wie möglich arbeiten. ($n \geq 1$ ist garantiert.)

b) Welches sind die günstigsten und die ungünstigsten Fälle, wenn der String *nicht* im Text enthalten und t groß ist? Geben Sie die Zahl der Vergleiche Ihrer Prozedur in diesen Fällen an.

$\boxed{\text{T}}\,\boxed{\text{L}}$

6.4 Datenorganisationen für effizientes Suchen

Aufgabe 6–13: Ungeordnete und geordnete Bäume   6.4.1.1

Gegeben ist ein Binärbaum aus INTEGER–Werten nach der folgenden Deklaration.

```
TYPE Zweig  = POINTER TO Knoten;
     Knoten = RECORD
                 Inh: INTEGER;
                 L, R: Zweig;
              END (* RECORD *);
VAR Baum : Zweig;
```

Dieser Baum, dessen konkreter Inhalt hier unwichtig ist, ist zunächst *ungeordnet*. Der Baum soll nun so umgeordnet werden, daß für jeden Knoten gilt: Der linke Sohn ist, sofern er existiert, kleiner als der Vater, der rechte Sohn, sofern er existiert, größer.

a) Beschreiben Sie diese Eigenschaft, die wir H(Baum) nennen wollen, formal. *Anleitung:* Bilden und kombinieren Sie geeignete Prädikate, wie etwa das folgende, das hier nicht notwendig sinnvoll ist:

$$\text{LinkerSohnGrößer (B)} =$$
$$(B \neq NIL) \wedge (B^\wedge. L \neq NIL) \wedge (B^\wedge. L^\wedge. Inh > B^\wedge. Inh)$$

b) Entwerfen Sie einen Algorithmus, der den Baum in die beschriebene Anordnung überführt. *Anleitung:* Arbeiten Sie mit paarweiser Vertauschung von Vätern und Söhnen. Das Verfahren muß nicht effizient sein. Es genügt eine klare informale Beschreibung des Algorithmus.

c) Ist durch diese Transformation ein binärer Suchbaum entstanden? Begründen Sie Ihre Antwort!

$\boxed{\text{T}}\,\boxed{\text{L}}$

Aufgabe 6–14: AVL–Baum   6.4.1.2

a) Fügen Sie folgende Schlüssel in einen zu Beginn leeren AVL–Baum ein: 8, 7, 1, 4, 12, 14, 11, 10. Wann werden Rotationen notwendig? Zeichnen Sie den Baum, wie er nach Einfügung des letzten Schlüssels aussieht.

b) Löschen Sie nun den Knoten mit dem Schlüssel 14 und beschreiben Sie die zur
Wiederherstellung der AVL–Eigenschaft nötigen Maßnahmen. Stellen Sie den
Vorgang auch grafisch dar.

$\boxed{\text{L}}$

Aufgabe 6–15: Baumstrukturen   6.4.1.2

In einen leeren binären Suchbaum werden der Reihe nach Knoten mit den folgenden
Schlüsseln eingefügt:

   308, 52, 600, 987, 51, 4, 222, 412, 999, 577, 578

a) Dadurch geht die (hier nicht geforderte) AVL–Eigenschaft vorübergehend verloren. Zeichnen Sie den Baum zu dem Zeitpunkt, da sie gerade wiedergewonnen ist!

b) Auch die Eigenschaft, vollständig ausgeglichen zu sein, geht beim Aufbau verloren. Wird der Baum danach jemals wieder vollständig ausgeglichen? Wenn ja,
nach welcher Eingabe? Wenn nein, durch welchen Schlüssel hat er die Eigenschaft
verloren?

c) Für den Aufbau und die Analyse eines binären Suchbaums soll ein Programm-
modul *BinBaum* entwickelt werden. Das Hauptprogramm enthält nur die
Anweisungen

```
BaumAufbauen (...);
WriteString (...);
WriteInt (BlattSumme (...), 8); WriteLn;
```

wobei die Parameterlisten zweckmäßig zu besetzen sind.

Implementieren Sie *BinBaum* vollständig bis auf die Prozedur *BaumAufbauen*, für
die nur der Kopf angegeben werden soll. *BlattSumme* soll die Summe aller Werte
liefern, die in Blättern des Baumes gespeichert sind.

$\boxed{\text{L}}$

Aufgabe 6–16: Rekursion in Bäumen   **6.4.1.2**

Warum kann man bei AVL–Bäumen gefahrlos rekursive Algorithmen verwenden, bei allgemeinen Suchbäumen dagegen nicht?

$$\boxed{\text{L}}$$

Aufgabe 6–17: Fibonacci–Bäume   **6.4.1.2, 2.2.6, 2.2.7**

Schreiben Sie ein MODULA–2–Programm, das Fibonacci–Bäume aufbaut, wie sie im Skriptum im Abschnitt "Aufwandsabschätzungen" unter 6.4.1.2 eingeführt werden. Der Benutzer soll interaktiv nach der gewünschten Baumhöhe gefragt werden. Danach soll eine rekursive Prozedur den Baum aufbauen, wobei die Knoten numeriert werden, und zwar so, daß sich die Knoten danach in

a) Preorder–Reihenfolge
b) Inorder–Reihenfolge

befinden.

Anschließend soll der Baum von einer weiteren rekursiven Prozedur anschaulich auf dem Bildschirm ausgegeben und danach gelöscht werden.

$$\boxed{\text{T}}\,\boxed{\text{L}}$$

Aufgabe 6–18: B– und AVL–Bäume   **6.4.1.4**

a) Bauen Sie für die unten angegebene Reihenfolge von Einfügungen einen B–Baum der Ordnung 2 auf und führen Sie anschließend die genannten Löschungen durch. Dabei ist beim Auftreten einer Unterfüllung ein Knoten wenn möglich auszugleichen. Erst wenn dies nicht möglich ist, sind Knoten zusammenzulegen.

Einfügungen: 49, 16, 7, 68, 21, 57, 30, 62, 74, 83, 78.
Löschungen: 30, 68.

Zeichnen Sie den Baum jeweils vor und nach jeder komplexen Operation (Zerlegen, Verschmelzen).

b) Bauen Sie nun für die oben angegebene Reihenfolge von Einfügungen einen AVL–Baum auf und führen Sie anschließend die Löschungen durch. Wann sind Rotationen notwendig? Zeichnen Sie den Baum nach Abschluß aller Operationen.

Vergleichen Sie den B–Baum der Ordnung 2 und den AVL–Baum bezüglich der Höhe des entstandenen Baumes und bezüglich der Anzahl komplexerer Operationen, die in diesem Beispiel benötigt wurden.

L

Aufgabe 6–19: Hashing von Flughafen–Codes 6.4.2

Entwickeln Sie eine perfekte Hashfunktion, die die nachfolgenden Flughafen–Codes in eine Tabelle abbildet. Die Funktion soll möglichst einfach sein und eine möglichst kleine Tabelle benötigen.

München (MUC)	Hamburg (HAM)	Köln (CGN)
Stuttgart (STR)	Friedrichshafen (FDH)	Malaga (AGP)
Palma (PMI)	Valencia (VLC)	Faro (FAO)
Luxemburg (LUX)		

T L

Aufgabe 6–20: Hash–Funktion für Bezeichner 6.4.2

Die Syntax für die Bezeichner einer Programmiersprache sei durch die folgende EBNF–Produktion gegeben:

Bezeichner = "$" Buchstabe [Buchstabe] Ziffer [Ziffer] "$".

Erlaubt seien alle 26 Groß– und keine Kleinbuchstaben, bei den Ziffern "0".."9".

a) Wie groß muß in diesem Fall eine Tabelle mindestens sein, um perfektes Hashing zu erlauben?

b) Entwerfen Sie eine Hashfunktion, die sämtliche Bezeichner exakt gleichmäßig auf eine 220 Plätze umfassende Tabelle verteilt (Indices 0 bis 219). Sie soll möglichst effizient arbeiten.

T L

Aufgabe 6–21: Programmanalyse (Speicherung mit Hashtechnik)   **6.4.2, 6.1**

Gegeben ist das folgende Stück Code:

```
IMPLEMENTATION MODULE Test;

  (****** Achtung, fehlerhaftes Programm ******)

FROM AndMod  IMPORT ContType, KeyType, Trans;

CONST TabLng = 192;
TYPE  IndTyp = [1..TabLng];
TYPE  ChainType  = POINTER TO TabEintrag;
      TabEintrag = RECORD
                        Key     : KeyType;
                        Content : ContType;
                        Next    : ChainType
                   END (* RECORD *);
VAR   Tab : ARRAY IndTyp OF ChainType;

PROCEDURE Eintragen (Schluessel: KeyType; Inhalt: ContType;
                                      VAR OK: BOOLEAN);
(* liefert OK = TRUE genau dann, wenn Eintrag erfolgt ist *)

  PROCEDURE Check (Liste : ChainType);
  BEGIN;
    IF Liste = NIL THEN
      ALLOCATE (Liste, SIZE (ChainType));
      WITH Liste^ DO
        Key := Schluessel; Content := Inhalt; Next := NIL
      END (* WITH *);
    ELSIF Liste^.Key = Schluessel THEN
      OK := FALSE
    ELSE
      Check (Next)
    END (* IF *)
  END Check;
BEGIN
  Check (Tab [Trans (Schluessel)])
END Eintragen;

PROCEDURE Suchen (Schluessel: KeyType;
                  VAR Inhalt: ContType; VAR OK: BOOLEAN);
BEGIN    (* noch nicht implementiert *)    END Suchen;

BEGIN
  FOR Index := 1 TO TabLng DO Tab [Index] := NIL END
END Test;
```

a) Spielen Sie Compiler und stellen Sie fest, welche Fehler *vom Übersetzer* entdeckt
   werden. Dabei unterstellen wir, daß der Compiler MODULA–2 voll, aber ohne
   irgendwelche Erweiterungen über die Standard–Bibliotheken hinaus akzeptiert.
   (Das Definitionsmodul *Test* ist konsistent, der Import aus *AndMod* in Ordnung.)

b) Beschreiben Sie *logische Fehler* im Programm und geben Sie die notwendigen Korrekturen an, damit das Programm korrekt arbeitet!

c) Wir unterstellen jetzt, daß das Programm korrigiert ist und (durch das zugehörige DEFINITION MODULE) von anderen Modulen verwendet wird.

Die Zahl n der Einträge in der Tabelle sei gerade halb so groß wie die Tabellenlänge ($2n$). Die Funktion Trans (importiert) liefert wegen einer unglücklichen Korrelation zu den Namenskonventionen für 5 % aller Bezeichner den Wert q, im übrigen ist derPrimärindex zufällig verteilt. Bestimmen Sie den Aufwand *pro Eintragung* im Falle, daß n sehr groß ist; es interessiert nur die Ordnung O(n).

$\boxed{\text{L}}$

Aufgabe 6–22: Hashing–Problem   6.4.2

Sie arbeiten an einem Computersystem zur maschinellen Sprachverarbeitung. Teil dieses Systems ist ein Lexikon für 15.000 Wörter. Da ein gegebenes Wort sehr schnell im Lexikon gefunden werden muß, haben Sie sich für eine Hashing–Lösung entschieden.

Sie verwenden eine Hashtabelle mit ebenfalls 15.000 Plätzen (größere Arrays kann Ihr Betriebssystem leider nicht verwalten) und externer Kollisionsbehandlung. Nachdem das Programm geschrieben ist, lesen Sie die Lexikoneinträge von einem Datenträger und lassen sie in die Tabelle einfügen.

Das Programm läuft ohne Probleme, meldet Ihnen aber, daß in über 5.000 Fällen Kollisionen aufgetreten sind, die Tabelle also nur zu zwei Dritteln ausgeschöpft ist.

Die Frage nun: Liegt das möglicherweise an der verwendeten Hashfunktion? Könnte man den Belegungsgrad durch die Wahl einer geeigneteren Funktion verbessern?

(schwierig)

$\boxed{\text{T}}\,\boxed{\text{L}}$

Aufgabe 6–23: Reparatur eines Hashing–Programms   6.4.2

Gegeben ist das folgende (kaum kommentierte) Programm zur Tabellenverwaltung nach dem Prinzip der Schlüsseltransformation. An der markierten Stelle der Implementierung ist eine unbekannte Zahl von Zeilen verloren gegangen. Entwickeln Sie diese Zeilen vollständig neu, ohne das vorhandene Programm zu verändern;

beachten Sie dabei sorgfältig die Funktion der Prozeduren *Eintragen* und *Suchen*, die durch den Effekt der Prozedur *Loeschen* nicht gestört werden darf.

a) Geben Sie in natürlicher Sprache an, was fehlt und welche Anforderungen an das Fehlende Sie aus dem vorhandenen Programm ableiten können.

b) Realisieren Sie die fehlenden Zeilen.

```
DEFINITION MODULE HashTab;

    FROM HauptMod IMPORT InhTyp; (* umfangreiche Informationen *)

    CONST SL = 20;

    TYPE  KeyTyp = ARRAY [0..SL-1] OF CHAR;

    PROCEDURE Eintragen (Key: KeyTyp; Inh: InhTyp;
                         VAR OK: BOOLEAN);
       (* neuer Eintrag fuer die Tabelle *)

    PROCEDURE Suchen (Key: KeyTyp; VAR Inh: InhTyp;
                      VAR OK: BOOLEAN);
       (* Inhalt zu vorhandenem Eintrag in der Tabelle *)

    PROCEDURE Loeschen (Key: KeyTyp; VAR OK: BOOLEAN);
       (* Loeschen eines vorhandenen Eintrags in Tabelle;
          wenn Eintrag nicht vorhanden, ist OK FALSE *)

END HashTab.


IMPLEMENTATION MODULE HashTab;  (* unvollstaendiges Programm *)

    FROM Storage  IMPORT ALLOCATE, DEALLOCATE;
    FROM HauptMod IMPORT InhTyp, StringGleich;
       (* StringGleich: Stringvergleich, Resultat BOOLEAN *)

    CONST TabLng = 499;
    TYPE  IndTyp = [0..TabLng-1];
          Elem   = RECORD K: KeyTyp; C: InhTyp END;
          Zeiger = POINTER TO Elem;
    VAR   Tab    : ARRAY IndTyp OF Zeiger;
          Stand  : [0..TabLng];

PROCEDURE Hash (Key: KeyTyp): IndTyp;
   (* liefert einen Primaerindex zu Key *)
BEGIN
   RETURN ORD (Key[0]) MOD TabLng   (* primitive Testversion *)
END Hash;
```

```
PROCEDURE Platz (Key: KeyTyp): IndTyp;
  VAR Ind: IndTyp;
BEGIN
  Ind := Hash (Key);
  WHILE (Tab [Ind] # NIL)
        AND NOT StringGleich (Tab [Ind]^.K, Key) DO
    Ind := (Ind + 1) MOD TabLng;
  END (* WHILE *);
  RETURN Ind
END Platz;

PROCEDURE Eintragen (Key: KeyTyp; Inh: InhTyp;
                       VAR OK: BOOLEAN);
  VAR AktIndex : IndTyp;
BEGIN
  OK := Stand < TabLng-1; (* Mind. 1 Platz bleibt frei *)
  IF OK THEN
    AktIndex := Platz (Key);
    OK := Tab [AktIndex] = NIL;
    IF OK THEN
      Stand := Stand + 1;
      ALLOCATE (Tab [AktIndex], SIZE (Elem));
      WITH Tab [AktIndex]^ DO K := Key; C := Inh; END;
    END (* IF *);
  END (* IF *);
END Eintragen;

PROCEDURE Suchen (Key: KeyTyp; VAR Inh: InhTyp;
                    VAR OK: BOOLEAN);
  VAR AktIndex : IndTyp;
BEGIN
  AktIndex := Platz (Key);
  OK := Tab [AktIndex] # NIL;
  IF OK THEN Inh := Tab [AktIndex]^.C; END;
END Suchen;

PROCEDURE Loeschen  (Key: KeyTyp; VAR OK: BOOLEAN);
XXXXXXXXXXXXXXXXXXXXXXXXXXXXXXXXXXXXXXXXXXXXXXXXXXXXXXXXXXXXX
  ?   ?   ?   ?   ?   ?   ?   ?   ?   ?   ?   ?   ?   ?   ?   ?
XXXXXXXXXXXXXXXXXXXXXXXXXXXXXXXXXXXXXXXXXXXXXXXXXXXXXXXXXXXXX
```

6.5   Sortieren

Aufgabe 6–24: Fehlersuche   6.5.2

Der folgende Programmausschnitt zeigt eine Prozedur *BinaerEinfuegen* mit den
verwendeten Deklarationen. Die Prozedur soll das Feld *Sortierfeld* aufsteigend sortieren, sie ist aber noch fehlerhaft.

```
        CONST MaxIndex = 100;
        TYPE  IndexTyp   = [1 .. MaxIndex];
              ElementTyp = REAL;
              FeldTyp    = ARRAY IndexTyp OF ElementTyp;
        VAR   Sortierfeld : FeldTyp;

(* 1*)  PROCEDURE BinaerEinfuegen;
(* 2*)    VAR i, j, Mitte, L, R : IndexTyp;
(* 3*)        Zwischenspeicher  : ElementTyp;
(* 4*)  BEGIN
(* 5*)    FOR i := 2 TO MaxIndex-1 DO
(* 6*)       Zwischenspeicher = Sortierfeld [i];
(* 7*)       L := 1; R := i;
(* 8*)       WHILE L <= R DO;
(* 9*)          Mitte := L + R DIV 2;
(*10*)          IF Sortierfeld [Mitte] <= Zwischenspeicher;
(*11*)          THEN L := Mitte;
(*12*)          ELSE R := Mitte;
(*13*)       END;
(*14*)       FOR j := i TO R + 1 DO
(*15*)          Sortierfeld [j] := Sortierfeld [j-1];
(*16*)       END
(*17*)       Sortierfeld [R] := Zwischenspeicher
(*18*)    END
(*19*)  END;
```

a) Welche syntaktischen Fehler meldet der Compiler?

b) Welche semantischen Fehler stören die Funktion?

Geben Sie, nach (a) und (b) getrennt, die Fehler mit der Zeilennummer an und machen Sie jeweils einen möglichst einfachen Korrekturvorschlag! Als Fehler gelten hier
nur solche Mängel, die es unmöglich machen, das Programm formal zu verifizieren.

⬛ L

Aufgabe 6–25: Vergleich der internen Sortierverfahren   6.5.2

Gegeben ist das folgende Programm, mit dem das Array *Feld* vorbelegt wird:

```
MODULE SortTest;
  CONST FeldLng  = 128;     (* muss Zweierpotenz sein *)
  TYPE  FeldIndT = [0..FeldLng-1];
  VAR   Feld : ARRAY FeldIndT OF INTEGER;
        i    : FeldIndT;
BEGIN
  i := 1;
  WHILE i < FeldLng DO
    Feld [i-1] := i;
    Feld [i]   := i - 1;
    i := i + 2;
  END (* WHILE *);
                          (* Sortierprogramm *)
END SortTest.
```

Anstelle des Kommentars "Sortierprogramm" sollen die im Skriptum behandelten
Sortier–Algorithmen auf die zuvor erzeugten Daten angesetzt werden. Geben Sie
jeweils die asymptotische Komplexität des Sortiervorgangs an, z.B. O(*FeldLng*),
usw. Sie können vereinfachend annehmen, daß die Feldlänge eine Zweierpotenz ist.

a) Direktes Aussuchen
b) Direktes Einfügen
c) Bubblesort (günstigste Variante für diese Situation)
d) Heap Sort
e) Quicksort

Begründen Sie Ihre Antworten kurz.

L

Aufgabe 6–26: Einfache Sortierverfahren   6.5.1,   6.5.2.4

Wann sind in der Praxis einfache Sortierverfahren den schnellen vorzuziehen?

L

Aufgabe 6–27: In–situ–Verfahren   6.5.2

Sogenannte "In–situ"–Sortierverfahren sind dadurch gekennzeichnet, daß sie (außer dem vorgegebenen Feld) nur eine konstante Zahl von Speicherplätzen benötigen. Halten alle in 6.5.2 vorgestellten Sortierverfahren diese Bedingung strikt ein?

$\boxed{\text{L}}$

Aufgabe 6–28: Einfache Sortieralgorithmen im Einsatz   6.5.2

Im Skriptum werden die verschiedenen Sortierverfahren nach der Anzahl der benötigten Vergleiche (C) und Wertzuweisungen (M) klassifiziert. In einer konkreten Situation können die Vergleiche das Teuerste sein (zum Beispiel wenn es sich bei den Schlüsseln um lange Strings handelt), oder die Wertzuweisungen (wenn die einzelnen Elemente sehr groß sind).

Nehmen Sie an, in einem bestimmten Fall seien die Zuweisungen wesentlich aufwendiger als die Schlüsselvergleiche. Welches der *einfachen* Sortierverfahren würden Sie (mit Begründung) vorziehen, wenn ein ursprünglich geordnetes Feld folgendermaßen durcheinandergebracht wurde:

a) Das kleinste Element wird vom Anfang entfernt und irgendwo im Rest des Feldes wieder eingefügt; die vor der Einfügestelle stehenden Elemente wandern alle um einen Platz nach vorne.

b) Das größte Element wird vom Ende entfernt und irgendwo im Rest des Feldes wieder eingefügt; die Elemente hinter der Einfügestelle wandern alle um einen Platz nach hinten.

c) Es wird einmal wie beim Kartenspielen "abgehoben", wie Abb. 6.3 es zeigt:

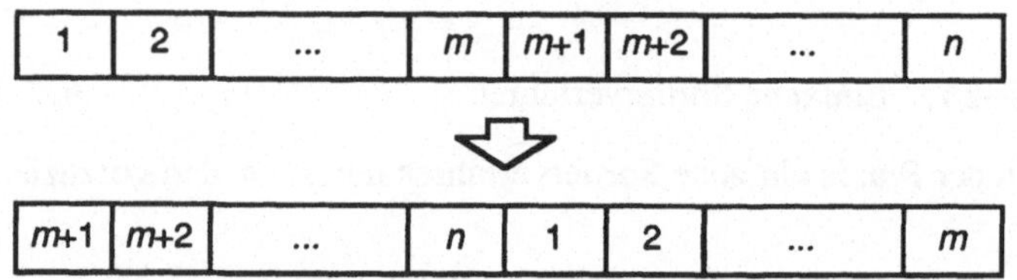

Abb. 6.3   "Einmal abheben"

d) Um das Bewegen vieler Elemente zu beschleunigen, bieten manche Rechner und Programmiersprachen sogenannte "Slice Operations" an (engl. slice = Scheibe). Man versteht darunter die Bewegung vieler aufeinander folgender Elemente (Teilfelder) mit einer einzigen, effizient implementierten Anweisung, z.B.:

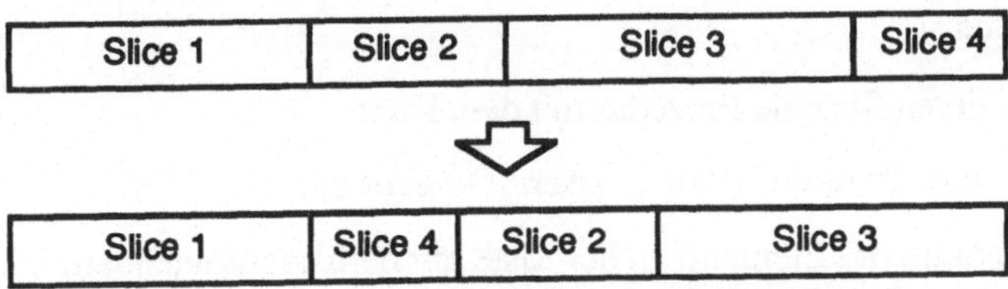

Abb. 6.4   Schema einer Slice Operation

Welche der obigen Verfahren lassen sich in den unter (a) – (c) genannten Situationen durch Slice Operations beschleunigen (indem man den Algortihmus so modifiziert, daß er Slices erkennt und ausnutzt)?

[L]

Aufgabe 6–29: Sortieren einer Liste   6.5

In dieser Aufgabe soll nicht ein statisches Feld, sondern eine dynamische, verkettete Liste sortiert werden. Die Liste ist folgendermaßen deklariert:

```
TYPE Zeiger = POINTER TO Element;
     Element = RECORD
        Key: INTEGER;
        Next: Zeiger
     END (* RECORD *);


VAR  Anker: Zeiger;
```

Die Länge der Liste ist beliebig (0 bis MAX (CARDINAL)). Die Liste ist mit NIL abgeschlossen.

Beim Sortieren darf kein weiterer Speicherplatz mit NEW oder ALLOCATE belegt werden. Auch sonst soll der in Anspruch genommene Speicherplatz nicht von der Länge der Liste abhängen.

a) Für das Sortieren von Feldern kennen Sie unter anderem die Verfahren

   a1) direktes Aussuchen
   a2) Bubblesort
   a3) Quicksort

Welche dieser Verfahren lassen sich auf die hier gegebene Situation so übertragen, daß der durchschnittliche Aufwand zur Sortierung der Liste von der gleichen

Ordnung ist wie der zur Sortierung eines Feldes mit dem gleichen Verfahren? (Begründung)

b) Implementieren Sie eine Prozedur mit dem Kopf

```
PROCEDURE Tausch (VAR Element: Zeiger);
```

Tausch vertauscht "Element" in der Liste mit dem nachfolgendem Element, so daß die Liste bis auf die Reihenfolge dieser zwei Elemente unverändert bleibt. Es kann davon ausgegangen werden, daß der Nachfolger existiert. In der Prozedur dürfen nur Zeiger umgehängt werden! Setzen Sie einen Kommentar in den Kopf der Prozedur, der ihre Wirkung vollständig beschreibt!

c) Entwerfen und implementieren Sie — unter Verwendung der Prozedur Tausch aus Teilaufgabe (b) — eine Prozedur, die die Sortierung der Liste nach dem Prinzip von "BubbleSort" vornimmt. Die Liste soll so oft durchlaufen werden, bis sie geordnet ist.

$$\boxed{\text{L}}$$

Aufgabe 6–30: Sortieren einer Matrix   6.5

Gegeben sind eine zweidimensionale Matrix und ein (eindimensionaler) Vektor, der ebensoviele Elemente wie die Matrix besitzt:

```
CONST N = ...; M = ...;
VAR m : ARRAY [0..N-1],[0..M-1] OF INTEGER;
    v : ARRAY [0..N*M-1] OF INTEGER;
```

Die Matrix, die zu Beginn ungeordnet ist, soll zuerst in sich vorsortiert werden. Danach sollen ihre Elemente unter Ausnutzung der Vorsortierung so in den (zu Beginn leeren) Vektor übertragen werden, daß dieser aufsteigend sortiert ist.

a) Schreiben Sie eine Prozedur, die die Matrix m mit Zufallszahlen besetzt. Zur Erzeugung der Zufallszahlen kann zum Beispiel der Generator aus Aufgabe 3–4 verwendet werden.

b) Schreiben Sie eine Prozedur, die durch Vertauschung einzelner Matrixelemente die folgenden Aussagen wahr macht:

$$P1 \equiv m[i{-}1, j] \leq m[i, j] \text{ für } (0 < i < N) \text{ und } (0 \leq j < M)$$
$$P2 \equiv m[i, j{-}1] \leq m[i, j] \text{ für } (0 \leq i < N) \text{ und } (0 < j < M)$$

Geben Sie für Ihre Lösung eine Aufwandsabschätzung bezüglich der Zahl der Vergleiche an (es sollten nicht mehr als O(N·M·(N+M)) sein).

c) Schreiben Sie eine Prozedur, die die Matrix m in den Vektor v kopiert, so daß v vollständig sortiert ist. Dabei soll die Vorsortierung des Matrix ausgenutzt werden. Geben Sie auch hier eine Aufwandsabschätzung bezüglich der Zahl der Vergleiche an.

d) Ist durch die Vorsortierung nun etwas gewonnen worden? Oder hätte man besser einfach auf allen Matrixelementen ein Direktes Aussuchen durchgeführt?

$\boxed{\text{T}}\,\boxed{\text{L}}$

6.6 Speicherverwaltung

Aufgabe 6–31: Speicherplatzanforderung   6.6.1

Welche drei Algorithmen nennt das Skriptum, mit denen ein Betriebssystem auf die Anforderung von Speicherplatz reagieren kann? Was erweist sich in der Praxis als am besten?

$\boxed{\text{S}}$

Aufgabe 6–32: *First–fit* vs. *Best–fit*   6.6.1

Bei der Verwaltung von Speicherplatz wurde lange der Algorithmus *best–fit* bevorzugt, denn er besitzt den Vorteil, große Blöcke länger bereitzuhalten. Dennoch ist heute *first–fit* bzw. *rotating–first–fit* stärker verbreitet, weil *best–fit* unter anderem die Tendenz hat, den Speicher in viele sehr kleine Blöcke aufzuspalten.

Betrachten Sie dazu als einfaches Beispiel einen Hauptspeicher, in dem nur zwei freie Bereiche existeren, der erste 1300 Bytes groß, der zweite 1200 Bytes. Konstruieren Sie nun eine Folge von Speicherplatzanforderungen, bei der *first–fit* noch Speicher findet, *best–fit* jedoch nicht mehr!

$\boxed{\text{L}}$

Tips

Tip 1–1

c) Ist eine derartige Detailliertheit überhaupt möglich?

Tip 1–4

Eine Möglichkeit: Hängen Sie für jedes Zeichen des Eingabewortes ein neues Zeichen an das Ende des Wortes auf dem Band an. Ersetzen Sie bereits abgearbeitete Zeichen durch ein anderes Zeichen des Alphabets. Ersetzen Sie am Ende alle diese Zeichen wieder durch a's.

Tip 1–5

Ersetzen Sie die Zeichen der Eingabe paarweise durch andere Zeichen, z.B. u und v. Wenn die Ersetzung paarweise aufgeht, ist die Eingabe von der Form $a^n b^n$.

Tip 1–12

b) Man zeichne vom Startsymbol ausgehend einen Baum aller möglichen Ableitungen, wobei man abbricht, wenn entweder ein fertiges Wort erreicht oder die Maximallänge überschritten wird.

c) Vergleichen Sie jeweils die Anzahl der beiden Terminalzeichen in den Wörtern der Sprachen.

d) Sie brauchen dazu nicht alle Wörter der Länge 24 herzuleiten. Betrachten Sie die Wörter von links nach rechts und überlegen Sie sich, wie sie entstanden sein könnten. Eine mögliche Begründung kann zum Beispiel lauten: "Führende a's können in L_1 nur durch Anwendung der ersten und wiederholte Anwendung der zweiten Regel entstehen, dann müssen aber auch am Ende genauso viele b's stehen wie a's am Anfang. Deswegen kann ein Wort der Form aaa...aab nicht in G_1 hergeleitet werden."

Tip 1–13

Überlegen Sie sich, wieviele Zeichen von einer kontextfreien Grammatik gleichzeitig "gezählt" werden können.

Tip 2-5

a) Formen Sie das Diagramm so um, daß die Pfade sauber getrennt sind (Prinzip single entry, single exit).

Tip 2-9

Die einzusetzenden Ausdrücke müssen entsprechend "Expression39" und den darin verwendeten Syntaxdiagrammen aufgebaut werden (Skriptum, Abb. 2.8).

Es könnte sein, daß Sie den einen oder anderen Ausdruck zuerst umformen müssen.

Tip 2-10

Der Ausdruck "*zahl* DIV 100" liefert beispielsweise die Hunderterstelle von *zahl*; "*zahl* MOD 10" die Einerstelle. Setzen Sie diese Ausdrücke in IF- und CASE-Anweisungen ein. Sie benötigen eine ganze Reihe verschiedener CASE-Anweisungen mit vielen Alternativen, um alle Sonderfälle richtig zu behandeln.

Tip 2-21

Der Rechner "kennt" die Zahl natürlich nicht in der uns geläufigen Form. <zahl> MOD 10 liefert aber die letzte Ziffer, <zahl> DIV 10 alles *außer* der letzten Ziffer (Division durch 10 ohne Rest).

Tip 2-22

Jede der Prozeduren liest zuerst das nächste Listenelement von der Tastatur ein und entscheidet dann, was zu tun ist, und zwar anhand ihres Parameters und des eingelesenen Elementes selbst. Als Parameter wird jeweils eine Information über die bereits verarbeiteten Elemente übergeben, am Anfang ein spezieller Wert (z.B. null) als Anfangskennzeichen. (Achtung, diese Mehrfachverwendung eines Parameters ist eigentlich schlechter Stil!)

a) Hier ist kein Parameter erforderlich. Wenn das aktuelle Listenelement ungerade ist, ist der Rückgabewert einer Inkarnation 1 + "Anzahl der ungeraden Elemente im Rest der Liste", anderenfalls nur "Anzahl der ungeraden Elemente im Rest der Liste" oder am Ende null.

b) Die Prozedur sollte mit einem reservierten Parameterwert aufgerufen werden (z.B. null), der signalisiert, daß das aktuelle Element der Anfang der Liste ist. An die nächsten Inkarnationen wird dann dieses Element als "gesuchtes Element" weitergereicht. *Wichtig:* Die Prozedur sollte immer die *ganze* Liste zuende lesen, auch wenn das gesuchte Element vorher ein zweites Mal auftaucht!

c) Als Parameter wird das bisher größte Element weitergereicht. Jede Inkarnation entscheidet, ob das aktuelle Element größer ist als das bisher größte.

d) Benutzen Sie einen reservierten Parameterwert, um der ersten Inkarnation mitzuteilen, daß sie sich am Anfang eines Paares befindet. Diese Inkarnation reicht dann ihr Listenelement an die nächste weiter.

Tip 2–29

a) Binomialkoeffizienten lassen sich induktiv definieren (historisch gesehen ist das sogar ihr Ursprung):

$$\binom{n}{0} := 1, \quad \binom{n}{k+1} := \binom{n}{k} \cdot \frac{n-k}{k+1}$$

$$\Rightarrow \binom{n}{k} = \binom{n}{k-1} \cdot \frac{n-k+1}{k} \quad \text{für } k > 0$$

b) Verwenden Sie hier die folgende Schreibweise:

$$\binom{n}{k} = \frac{n \, (n-1) \, (n-2) \, \cdots \, (n-k+2) \, (n-k+1)}{k!} \quad \text{für } k > 0$$

Bei geschickter Codierung (Reihenfolge der arithmetischen Operationen!) können Gleitkommadivision und damit verbundene Rundungsfehler vermieden werden. Man kommt dann mit reiner Integer–Arithmetik aus und vermeidet zudem Zahlenüberläufe!

Tip 2–30

1) Entwerfen Sie zuerst ein Syntaxdiagramm für einen korrekten Ausdruck und programmieren Sie dann die Funktion mit Hilfe des Syntaxdiagramms.

2) Da Ihre Funktion nicht wissen kann, ob das nächste Zeichen eine Ziffer oder eine runde Klammer ist, muß sie alle Eingabesymbole als Zeichen (Typ CHAR) einlesen. Den Zahlenwert einer Ziffer *ch* vom Typ CHAR erhalten Sie in MODULA–2 durch ORD(ch) – ORD('0').

Tip 2–31

b) Halten Sie sich bei der Codierung an das in (a) erstellte Syntaxdiagramm.

c) Drücken Sie die korrekten Zeichenfolgen in einer rekursiven EBNF–Grammatik mit zwei Produktionen aus. Wandeln Sie dann jede der Produktionen in eine

MODULA–2–Prozedur um. (Damit die Prozeduren sich wechselseitig aufrufen
können, sollte die eine in die andere eingeschachtelt werden.)

Tip 2–34

Lassen Sie zwei geschachtelte Schleifen über den Werten der Grundmenge ablaufen.
So entstehen nacheinander alle zweielementigen Teilmengen der Grundmenge, und
damit auch — aber nicht allein — die zweielementigen Teilmengen der Menge S.

Mit dem IN–Operator wird festgestellt, ob ein bestimmtes Element in einer gegebenen
Menge enthalten ist. Der Teilmengen–Operator (<=) gibt an, ob eine bestimmte
Menge in einer anderen enthalten ist.

Tip 2–37

a) Durchlaufen Sie das Feld mittels zweier geschachtelter FOR–Schleifen, einer
   äußeren für die Zeilen, einer inneren für die Spalten.

b) Durchlaufen Sie auch hier das Feld zeilenweise, bis der gesuchte Stein gefunden
   ist. Sie können davon ausgehen, daß ein Stein mit der übergebenen Nummer
   sicher existiert.

c) Bestimmen Sie zuerst die Koordinaten des Schiebekandidaten. Stellen Sie dann
   fest, ob es sich um einen Nachbarstein des leeren Feldes handelt; falls ja, vertauschen Sie den Kandidaten mit dem leeren Feld.

Tip 2–39

a) siehe Aufgabe!

b) Das Prinzip der rekursiven Lösung ist hier grundsätzlich einfach: Man macht einen
   zulässigen, im übrigen aber beliebigen Schritt im Labyrinth auf ein zuvor noch
   nicht besuchtes Nachbarfeld und sucht nach dem gleichen Algorithmus von dort
   erneut weiter, bis man das Zielfeld erreicht hat.

   Leider weiß man aber erst bei der Rückkehr aus der Rekursion, ob man das Ziel
   erreicht hat. Darum hilft ein Trick, um die gesuchte Ausgabe, den Pfad vom Start
   zum Ziel, zu erhalten: Man sucht den Weg *rückwärts* vom Ziel zum Start. Der Rest
   ist Schreibarbeit.

Tip 2–43

Fertigen Sie eine Tabelle an mit einer Zeile pro Anweisung des Programms und einer
Spalte pro Zeiger (*Anfang*, *Ende*, sowie *a* und *b* in vier verschiedenen Knoten,

bezeichnet durch 1 bis 4). Tragen Sie darin Zeile für Zeile ein, welchen Wert die Zeiger haben.

Tip 2–46

a) Verwenden Sie pro Knoten einen Record.

b) Erweitern Sie den Knoten–Record um eine Markierung, die gesetzt wird, wenn der Knoten von der rekursiven Prozedur gezählt wurde.

c) Das Problem besteht darin, daß der neue Knoten mit *allen* direkten Nachbarn verbunden werden muß. Nach dem Anhängen an den übergebenen Knoten muß der Graph rekursiv durchlaufen werden, wobei relative Koordinaten als Parameter mitgeführt werden müssen, um diese Nachbarn zu finden.

Tip 2–47

a) Arbeiten Sie mit zwei Hilfszeigern: einem für das aktuell bearbeitete Element und einem für den Rest der Kette. Hängen Sie bei jedem Schleifendurchlauf das erste Element des Restes vor den Anfang der neuen Kette.

Tip 3–3

a) Beginnen Sie mit dem Modul, das keine anderen Module benötigt (importiert). Markieren Sie sich dieses Modul als fertig. Im nächsten Schritt kann das Modul übersetzt werden, das das erste verwendet. Auch dieses steht dann zur Verfügung, usw.

b) Importiert wird immer aus den Definitionsmodulen.

c) Wenn O zusätzlich aus N importieren würde, entstünde ein Zyklus in der Importstrukur. Was bedeutet das?

Tip 3–6

Realisieren sie den abstrakten Datentyp als Pointer auf einen Record, der dem Typ *ErgebnisTyp* in dem Programmausschnitt entspricht. Der ADT sollte die Operationen *Initialisiere*, *ErgebnisEintragen* und *Durchschnitt* zur Verfügung stellen, außerdem eine Prozedur *Loesche*.

Tip 3–7

Realisieren Sie die Vektoren durch verkettete Listen, in denen nur die Koordinaten gespeichert werden, die ungleich null sind. Dann muß in den einzelnen Listenelementen auch der jeweilige Index gespeichert werden. Verarbeiten Sie die Listen rekursiv.

Tip 4–2

Es muß nur die Übergangsfunktion τ (vgl. Tabelle im Skriptum) erweitert werden.

Tip 4–3

Um Schreibarbeit zu sparen, empfiehlt es sich, Abkürzungen für Programmteile von P einzuführen. Führen Sie die Berechnung dann von Konfiguration zu Konfiguration schrittweise durch, analog zu Programm P4.3 im Skriptum.

Tip 4–7

Bestimmen Sie die schwächste Vorbedingung, die zu Anfang des Fragments erfüllt sein muß, damit am Ende Q gilt. Stellen Sie dann fest, ob P diese Vorbedingung impliziert.

Tip 4–11

Es empfiehlt sich, die Zahl der Schleifendurchläufe durch eine zusätzliche Variable d zu bezeichnen; so vereinfachen sich die Gleichungen. Dann folgt die Invariante, was a betrifft, aus der Aufgabenstellung; für b und c läßt sie sich aus dem Inhalt der Schleife ableiten ($c = 6d$, $b = 1 + \sum\limits_{i=0}^{d} c_i = 1 + 6 \sum\limits_{i=0}^{d} i$).

Tip 4–13

Arbeiten Sie wie bei der Bestimmung der schwächsten Vorbedingung (wp): Verfolgen Sie den gewünschten Pfad rückwärts durch das Programm und stellen Sie dabei jeweils Ungleichungen auf, denen die Werte der Variablen genügen müssen.

Tip 6–4

a) Gehen Sie die Knoten der Reihe nach durch. Wieviele Kanten brauchen Sie zwischen den ersten beiden Knoten, wieviele für die weiteren?

b) Beginnen Sie beim ersten Knoten und überlegen Sie, wieviele Kanten maximal von ihm ausgehen können (dürfen). Betrachten Sie dann den zweiten Knoten usw.

Tip 6–5

Zeichnen Sie sich den Graphen G zuerst auf. (Die Knoten 1 bis 5 bilden einen äußeren Kreis, in dessen Innerem die Knoten 6 bis 10 liegen.)

a) Überlegen Sie sich, wieviele und welche Kanten von G wegfallen müßten, bzw. dürften, damit die verbleibenden Kanten einen Hamiltoschen Zyklus bildeten.

b) Überlegen Sie der Reihe nach: Reicht eine Farbe, reichen zwei Farben, drei Farben...?

Tip 6–7

a) Betrachten Sie eine Folge von drei Zahlen und überlegen Sie sich, ob diese eindeutig einem Baum entspricht.

b) Der erste Knoten der *Preorder*–Liste ist die Wurzel des gesamten Baums. Die Stelle, an der dieser Knoten in der *Inorder*–Liste steht, gibt an, wo *in beiden Listen* der linke Unterbaum aufhört und der rechte Unterbaum anfängt. Nach dieser Idee läßt sich der Baum elegant mit einer rekursiven Prozedur aufbauen.

Tip 6–10

Wegen der garantierten Sortierung der Matrixelemente sind (falls vorhanden) alle Elemente $> x$ rechts unten, alle $< x$ links oben von einer Trennlinie, die von links unten nach rechts oben durch die Matrix läuft und (im Sinne der Graphik) stets ansteigt.

Die Idee der Lösung besteht darin, an dieser Grenzlinie entlangzulaufen. Man muß sie zuerst finden, am einfachsten von der linken unteren oder der rechten oberen Ecke her.

Tip 6–12

Wandeln Sie den BM–Algorithmus für diesen Spezialfall ab. Überlegen Sie, was aus der Delta–Tabelle werden sollte.

Tip 6–13

a) Bilden Sie ein Prädikat "LinksNichtVorhandenOderKleiner", das als Parameter einen Knoten bekommt und dessen linken Sohn überprüft; ebenso ein Prädikat "RechtsNichtVorhandenOderGroesser". Das Prädikat H bekommt ebenfalls als Parameter einen Knoten und gibt an, ob die beiden obigen Prädikate für diesen Knoten gelten *und* jeder der Söhne wiederum die H–Eigenschaft besitzt.

b) Traversieren Sie den Baum in derjenigen Weise, die Ihnen am günstigsten scheint. Prüfen Sie bei jedem Knoten, ob die Eigenschaft verletzt ist, und vertauschen Sie ihn ggf. mit einem seiner Söhne. Dieser Vorgang muß wiederholt durchgeführt werden (Wie lange?).

c) Die H–Eigenschaft ist notwendig, aber *nicht* hinreichend. Warum?

Tip 6–17

Der rekursive Aufbau läuft ganz analog zur Berechnung der Fibonacci–Zahlen (vgl. Abschnitt 2.2.7 im Skriptum, Programm P2.18). Die Numerierung der Knoten können Sie am einfachsten durch eine globale Variable erreichen, die bei jedem neuen Knoten um eins erhöht wird. Es kommt dann nur noch darauf an, die Knoten durch die Rekursion in der richtigen Reihenfolge zu erzeugen und zu numerieren, so daß sich die gewünschte Ordnung des Baumes ergibt.

Tip 6–19

Hier hilft nur Tüfteln, eine systematische Lösung gibt es nicht...

Tip 6–20

a) Die Dollarzeichen spielen für das Hashing keine Rolle, denn sie kommen in jedem Bezeichner vor. Wieviele Möglichkeiten gibt es für das erste Zeichen, wieviele für das zweite, usw.?

b) Für die Ziffer(n) in einem Bezeichner gibt es genau 110 Möglichkeiten...

Tip 6–22

Eine ideale Hashfunktion würde eine statistische Gleichverteilung der Primärindices im Bereich von 1 bis N erzielen. Nehmen Sie an, Sie hätten eine solche Funktion. Überlegen Sie sich nun, wie groß beim Einfügen des ersten, zweiten, ..., N–ten Eintrages jeweils die Wahrscheinlichkeit einer Kollision ist und wie weit die Tabelle nach N Einfügungen erwartungsgemäß gefüllt sein wird.

Es ergibt sich eine rekursive Formel. Schreiben Sie für die Berechnung ggf. ein kleines Programm!

Tip 6–23

Die Speicherung erfolgt auf der Halde, Kollisionen werden intern aufgelöst, und zwar durch eine einfache sequentielle Suche. Es fehlt die Realisierung von *Loeschen* und die Initialisierung des Moduls. Achten Sie beim Löschen darauf, daß eventuell andere Elemente verschoben werden müssen, um weiter auffindbar zu sein.

Tip 6–30

b) Modifizieren Sie BubbleSort in der Art, daß die Matrix zeilenweise durchlaufen wird, wobei jedes Element mit seinem oberen und linken Nachbarn verglichen wird. Vertauschen Sie die Elemente, falls die Ordnung verletzt ist. Achten Sie auf die Reihenfolge der Vergleiche oben/links! Warum ist das so wichtig?

c) Holen Sie sich nacheinander das kleinste, das zweitkleinste, das drittkleinste Element, usw. aus der Matrix (Schleife über die Länge des Vektors). Legen Sie sich zu diesem Zweck ein Feld von N Spaltenindices an, für jede Zeile der Matrix einen. Diese Indices stehen zu Beginn alle in Spalte 0. In einer inneren Schleife wird nun das kleinste der so indizierten Elemente bestimmt, in den Vektor eingefügt und der betreffende Spaltenindex um eins weitergesetzt.

d) Beim Direkten Aussuchen müßte N·M–mal eine Schleife über alle N·M Matrixelemente laufen.

Lösungen

Lösung 1–1

a) Der Normalfall ist leicht zu beschreiben, denn es müssen keine Sonderfälle abgefragt werden. Natürlich kann man sich über den Detaillierungsgrad streiten. Eine Möglichkeit wäre:

> Gehe zur Telefonzelle. Öffne die Tür. Betrete die Zelle.
> Hole Geld und Zettel aus der Tasche.
> Nimm den Hörer ab. Wirf das Geld ein.
> Lies Y vom Zettel und wähle die Nummer.
> Warte, bis X sich meldet.
> Sage: "Dein Paket ist angekommen.".
> Lege den Hörer auf.
> Öffne die Tür.
> Verlasse die Zelle.

b) Selbst bei der Berücksichtigung einfachster Sonderfälle bläht sich die Beschreibung schon sehr auf:

> Gehe zur Telefonzelle. Öffne die Tür. Betrete die Zelle.
> Hole Geld und Zettel aus der Tasche.
> Nimm den Hörer ab.
>
> Für alle drei Münzen:
>   Wiederhole:
>   Wirf Münze ein.
>   Wenn Münze durchgefallen, dann:
>   Hole Münze aus dem Fach.
>   Bis Münze angenommen.
>
> Wiederhole:
>   Lies Y vom Zettel und wähle die Nummer.
>   Wenn besetzt, dann:
>   Hänge Hörer kurz ein. Warte dreißig Sekunden.
> Bis nicht besetzt.
>
> Warte bis X sich meldet oder eine Minute vergangen ist.
> Wenn X sich gemeldet hat, dann:
>   Sage: "Dein Paket ist angekommen.".
>
> Lege den Hörer auf.

Öffne die Tür.
Verlasse die Zelle.

c) Die Menge möglicher "seltener" Sonderfälle läßt sich nicht begrenzen. Würden wir beispielsweise die Behandlung eines Autounfalls in der Nähe noch einbauen — was wäre dann zu tun, falls die Telefonzelle vor dem Betreten von einem Meteoriten getroffen würde? Diese Teilaufgabe ist also nicht lösbar. Das bedeutet auch, daß sich die zu beschreibende Handlung nicht vollständig automatisieren läßt. Allgemein gilt, daß eine vollständige Automatisierung oft unmöglich ist oder einen unsinnig hohen Aufwand erfordert.

Lösung 1–2

Kochrezepte wenden sich an menschliche Leser, Algorithmen werden dagegen in der Regel von Rechnern ausgeführt. Weil der Mensch über Hintergrundwissen und "gesunden Menschenverstand" verfügt, wird darum ein Kochrezept weit weniger detailliert sein als ein Algorithmus für einen Rechner. Allerdings gibt es hier beträchtliche Unterschiede; man vergleiche nur einmal ein typisches Junggesellen-kochbuch mit einem Werk für den versierten Meisterkoch.

Die im Skriptum aufgelisteten Eigenschaften eines Algorithmus lassen sich ansatzweise so übertragen: *Abstrahierung* findet man bei Rezepten dann, wenn angegeben wird, wie die Zutaten für andere Personenzahlen abzuwandeln sind (meist einfach proportionale Vermehrung/Verringerung). Natürlich sind Rezepte in der Regel *finit*, da man ja mit einer endlich großen Küche und Menge von Zutaten auskommen muß; auch *terminiert* das beschriebene Verfahren nach endlicher Zeit (die allerdings oft in keinem Verhältnis zur Dauer des anschließenden Verzehrs steht). *Determinismus* liegt dagegen nicht immer vor, zum Beispiel ist die genaue Reihenfolge der Gewürz–Zugabe selten festgelegt. Schließlich ist das fertige Gericht durch das Rezept normalerweise nicht *determiniert;* man sieht das daran, daß es bei einem erfahrenen Koch in der Regel doch "besser schmeckt" als bei einem Anfänger, obwohl beide nach demselben Rezept gearbeitet haben.

Lösung 1–4

Es gibt verschiedene Möglichkeiten, nach denen man vorgehen kann; eine davon ist die, für jedes Zeichen des Eingabewortes genau ein Zeichen an das Ende des Wortes auf dem Band anzuhängen. Wir definieren also die gesuchte TM als

$$M = (\, B, I, Q, q_0, \Delta \,) \text{ mit}$$

Bandalphabet $B = \{\, a, b, c, z \,\}$, Eingabealphabet $I = \{\, a \,\}$, einer fünfelementigen Zustandsmenge $Q = \{\, \alpha, \beta, \gamma, \delta, \varepsilon \,\}$, Startzustand $q_0 = \alpha$ und der folgenden Übergangsfunktion:

q	t		$\Delta(q,t)$			
α	a		β	b	R	ersetze das erste a durch b.
β	a		β	a	R	überspringe restliche a's
β	c		β	c	R	überspringe alle c's
β	z		γ	c	L	füge ein c an
γ	c		γ	c	L	überspringe alle c's
γ	b		γ	b	L	...und b's (zum Schluß)
γ	a		δ	a	L	...bis zum a am weitesten rechts
γ	z		ε	z	R	alle a's abgearbeitet
δ	a		δ	a	L	überspringe die a's
δ	b		α	b	R	gehe zum ersten a
ε	b		ε	a	R	ersetze b's durch a's
ε	c		ε	a	R	ersetze c's durch a's
ε	z		ε	z	H	fertig.

Anschaulich tut diese TM folgendes: Sie wird gestartet auf dem ersten a (von links) des Eingabewortes im Zustand α. Dieses Zeichen wird zu einem b verändert, um anzuzeigen, daß es abgearbeitet ist. Die Maschine geht in den Zustand β und fährt nach rechts, bis sie auf das erste z trifft. Dieses wird durch c ersetzt, und die TM fährt im Zustand γ zurück. Trifft sie dabei auf noch nicht abgearbeitete a's des Eingabewortes, wechselt sie in den Zustand δ, sucht das am weitesten links stehende a, und der Vorgang beginnt von neuem. Sind keine a's mehr vorhanden, fährt die TM im Zustand γ ganz an den Anfang der Eingabe, wechselt dort in den Zustand ε und ersetzt, nach rechts fahrend, alle b's und c's durch a's.

Lösung 1–5

Idee der Lösung: Ersetze das erste a der Eingabe durch u, fahre dann nach rechts, ersetze ein b durch v und fahre wieder zurück. Wenn die Ersetzung paarweise aufgeht, ist die Eingabe von der Form $a^n b^n$. Definition der TM:

$$M = (\ \{\ a, b, u, v, z\ \},\ \{\ a, b\ \},\ \{\ \alpha, \beta, \gamma, \delta\ \},\ \alpha, \Delta\ ),$$

mit folgender Übergangsfunktion Δ:

q	t		Δ(q,t)		Kommentar
α	a		β	u	R	erstes *a* durch *u* ersetzen
α	v		δ	v	R	keine *a*'s mehr da
β	a		β	a	R	nach rechts bis zum ersten Nicht-*a*
β	b		γ	v	L	...falls *b:* ersetze durch *v*
β	v		β	v	R	...falls *v:* überspringen
γ	v		γ	v	L	gehe nach links, überspringe *v*'s
γ	a		γ	a	L	gehe nach links, überspringe *a*'s
γ	u		α	u	R	letztes *u* gef., gehe zum ersten *a*
δ	v		δ	v	R	keine *a*'s mehr. Noch *b*'s?
δ	z		δ	z	H	Auch keine *b*'s mehr, fertig!

Hier als Ergänzung noch einmal die anschauliche Bedeutung der Zustände:

α: Startzustand. Ersetze das *a* an der aktuellen Position durch ein *u* und fahre nach rechts; wechsele in den Zustand β.

β: Suche das nächste *b*, verändere es zu einem *v* und fahre zurück im Zustand γ. Die Funktion ist undefiniert, wenn ein *z* gefunden wird (zuwenig *b*'s).

γ: Fahre nach links und suche das erste *a*, das noch nicht verarbeitet ist; gehe dann wieder in den Zustand α.

δ: Endzustand; er wird erreicht, wenn alle *a*'s abgearbeitet sind. Er fährt nach rechts und läßt die Maschine halten, falls ebenfalls alle *b*'s abgearbeitet sind. Sonst ist die Funktion undefiniert (zuviele *b*'s).

Lösung 1–6

T berechnet die Funktion f mit

$$f(n) = \begin{cases} n+1 & \text{für } n = 2k \text{ mit } k = 0,1,2,\dots \\ \text{undefiniert sonst.} \end{cases}$$

Lösung 1–7

Eine Frage wie zum Beispiel die, ob es ein Tripel a, b, $c \in \mathbb{N}$ und eine natürliche Zahl $n > 2$ gibt, so daß $a^n + b^n = c^n$ gilt, läßt sich darstellen als Abbildung auf einen Wahrheitswert W mit W $\in$ {FALSE, TRUE}. Wenn eine solche Abbildung existiert (ob sie nun bekannt ist oder nicht), dann ist das Problem berechenbar, man sagt auch entscheidbar.

Fragestellungen, die nur endlich viele Varianten haben, im Extremfall wie hier nur eine einzige (nämlich ob ein solches Zahlentripel existiert oder nicht), können nicht "unentscheidbar" oder "nicht berechenbar" genannt werden, denn nur eine Antwort kann richtig sein. Wir können ja leicht zwei Algorithmen angeben, die einfach FALSE bzw. TRUE liefern, und einer von beiden wäre sicher der "richtige", obwohl wir leider nicht wissen, welcher. Dagegen wird die Berechenbarkeit fraglich, wenn die Menge der Varianten nicht mehr endlich ist. "Nicht berechenbar" heißt dann, daß es *nachweislich unmöglich* ist, einen Algorithmus anzugeben, der für *alle* Varianten das richtige Resultat liefert. Arithmetische Aufgaben sind natürlich stets berechenbar.

Lösung 1–9

/–1.00000/	Syntax korrekt, Wert –1.0
/+0.1/	Syntax–Fehler, "+" ist kein zulässiges Zeichen
/1001/	Syntax–Fehler, Dezimalpunkt fehlt
/– 0.011/	Syntax korrekt, Wert –0.375
/ 110./	Syntax–Fehler, Leerzeichen an unzulässiger Stelle
/–110. /	Syntax–Fehler, Leerzeichen an unzulässiger Stelle

Diese Beispiele zeigen zweierlei: Erstens ist eine informale Syntaxdefinition eine sichere Quelle für Unklarheiten, zweitens kommt es bei formalen Sprachen nicht darauf an, ob ein Satz korrekt *aussieht*, sondern nur, ob er *der Syntax entspricht*. Natürlich ist es nicht sinnvoll, eine Syntax zu entwerfen, die der Intuition widerspricht.

Lösung 1–10

$$G = (\ \{S\},\ \{a,b\},\ P,\ S\ )$$
$$\text{mit } P = \{\ S \rightarrow \varepsilon,\ S \rightarrow aSb\ \}.$$

Lösung 1–11

a) G definiert eine Syntax für Boolesche Ausdrücke mit den Variablen x_1, x_2, x_3 und Klammerung von Teilausdrücken.

b) 1) $S \to B \to$ not $A \to$ not true

2) ist nicht in L(G) enthalten, weil sich weder aus C "x_2 or x_3", noch aus B "x_1 and x_2" ableiten läßt.

3) $S \to B$ and $C \to B$ and $B \to A$ and $B \to x_1$ and $B \to x_1$ and A
$\to x_1$ and $S \to x_1$ and (B or D) $\to x_1$ and (A or D) $\to x_1$ and (A or B)
$\to x_1$ and (A or A) $\to x_1$ and (x_2 or A) $\to x_1$ and (x_2 or x_3)

4) $S \to B$ or $D \to A$ or $D \to$ (S) or $D \to$ (B and C) or $D \to$ (B and B) or D
$\to$ (A and B) or $D \to$ (x_1 and B) or $D \to$ (x_1 and A) or D
$\to$ (x_1 and x_2) or $D \to$ (x_1 and x_2) or $B \to$ (x_1 and x_2) or not A
$\to$ (x_1 and x_2) or not x_3

5) $S \to B \to$ not $A \to$ not (S) $\to$ not (B and C) $\to$ not (A and C)
$\to$ not (x_1 and C) $\to$ not (x_1 and B) $\to$ not (x_1 and A) $\to$ not(x_1 and (S))
$\to$ not (x_1 and (B)) $\to$ not (x_1 and (not A)) $\to$ not (x_1 and (not x_2))

c) Nein, denn ein freies Monoid T^* würde auch das leere Wort und Wörter wie "true or or and" enthalten.

d) Ja, denn auf der linken Seite der Produktionsregeln steht jeweils nur ein einziges Nicht–Terminalzeichen.

Lösung 1–12

a) Wörter in L_1 haben die Länge $2k$; mit jedem Ableitungsschritt werden genau zwei Terminalzeichen hinzugefügt.

$\Rightarrow \qquad w \in L_1$ mit $|w| = 2k$ wird in genau k Schritten abgeleitet. ($f(k) = 2k$)

Entsprechendes gilt für L_2; hier beträgt die Länge generell $3k$.

b) Wörter von L_1 mit bis zu 10 Buchstaben:

$l = 6$:   ababab
$l = 8$:   aabababb
                  abbabaab

$l = 10$:	aaabababbb
	ababababab
	aabbabaabb
	abbbabaaab

Wörter von L_2 mit bis zu 12 Buchstaben:

$l = 9$:	aaaababab
$l = 12$:	aaaaaabababb
	aaaaabababab

c) Durch Betrachten der Produktionsregeln sieht man:

Für alle Wörter aus L_1 gilt:	Die Anzahl der a's ist gleich der Anzahl der b's.
Für alle Wörter aus L_2 gilt:	Die Anzahl der a's ist doppelt so groß wie die Anzahl der b's.

Daraus folgt: $L_1 \cap L_2 = \emptyset$.

d) Keines der Wörter kann in L_2 hergeleitet werden, da in allen die Anzahl der a's gleich der Anzahl der b's ist.

Ableitbarkeit in L_1:

Für die Wörter (1) und (2) gilt genau die Erklärung, die im Tip als Beispiel angegeben ist.

Bei (3) ist die Sache komplizierter. Die a's und b's am Ende genügen der genannten Bedingung. Daß das Wort dennoch nicht in L_1 enthalten ist, sieht man, wenn man versucht, einen Ableitungsbaum zu konstruieren.

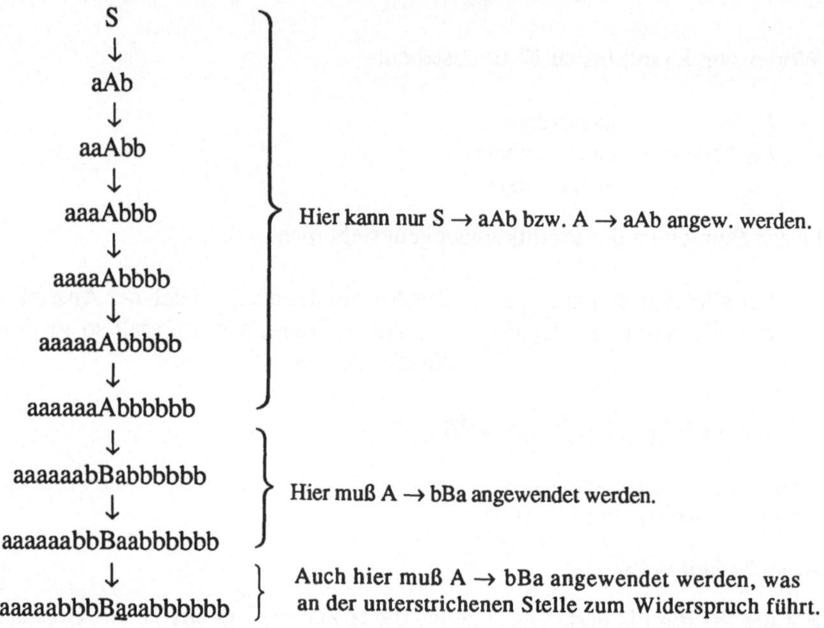

Anmerkung: In der Vorlesung über Theoretische Informatik werden Sie noch mächtige Hilfsmittel zum Lösen solcher und anderer Probleme kennenlernen.

Lösung 1–13

Die Sprache $x^n y^n z^n$ ist *nicht* kontextfrei. Kontextfreie Grammatiken können nur jeweils zwei Zeichen oder Zeichengruppen "zählen", etwa:

$$A \to aAb \qquad a^n b^n$$
$$A \to aAbb \qquad a^n b^{2n}$$
$$\ldots \qquad \ldots$$

Mit einem Nichtterminal werden die beiden Terminalgruppen erzeugt. Um drei Terminalgruppen zu erzeugen, benötigt man (mindestens) zwei (nicht unbedingt verschiedene) Nichtterminale, deren weitere Ersetzungen voneinander unabhängig sind.

Lösung 1–14

a) 12 MByte   = 12 582 912 Byte
   14.5 kByte = 14 848 Byte
   0.8 Gbyte   = 858 993 459.2 Byte   (nur rein rechnerisch, natürlich hat jeder
                                            Rechner in Wirklichkeit eine ganzzahlige
                                            Kapazität.)

b) Eine eng beschriebene Schreibmaschinenseite faßt etwa 3.5 kByte (50 Zeilen á 70
   Anschläge); natürlich kann dies mit der Zahl der Anschläge pro Zeile und dem
   Abstand der Zeilen stark variieren.

c) Einige willkürlich aus dem Bücherregal gegriffene Beispiele:

   "Ansichten eines Clowns" (H. Böll):   ca. 400 kByte
   "Die Geburt der Tragödie" (F. Nietzsche):   ca. 280 kByte
   "Das Glasperlenspiel" (H. Hesse):   ca. 1.1 MByte

Lösung 1–15

a) Von Menschen geschriebene Programme können in der Regel nicht direkt durch
   einen Rechner ausgeführt werden, sondern müssen zuerst in die Maschinensprache umgewandelt werden. Dazu gibt es zwei Ansätze: Man spricht von
   Interpretation, wenn jede einzelne Anweisung unmittelbar vor ihrer Ausführung
   "im Originaltext" gelesen und umgewandelt wird, und zwar immer, auch bei
   mehrfacher Ausführung derselben Anweisung. *Übersetzung* (oder Compilation)
   liegt vor, wenn zunächst das gesamte *Quellprogramm* (engl. source code) in einem
   gesonderten Vorgang in Maschinensprache übersetzt wird. Das dabei entstehende
   Zielprogramm (engl. object code) kann erst danach ausgeführt werden. Auch bei
   mehrfacher Ausführung muß nur einmal zu Beginn übersetzt werden. Der Vorgang des Übersetzens heißt auch die *Übersetzungszeit* (engl. compile–time), die
   tatsächliche Ausführung die *Laufzeit* (engl. run–time) des Programms.

                                                                    (120 Wörter)

b) Bei Programmen, die nur einmal ausgeführt werden und keine Wiederholungen
   von Anweisungen enthalten, fällt die Interpretation während der Laufzeit nicht ins
   Gewicht. Ein separater Übersetzungsvorgang könnte sogar mehr Zeit kosten und
   umständlicher sein.

   Während der Programmentwicklung und vor allem bei der Fehlersuche kann ein
   Interpreter sehr nützlich sein, da dann nicht nach jeder noch so kleinen Ver-
   änderung des Quellcodes eine komplette Übersetzung nötig ist. Allerdings fördert

ein solches Werkzeug auch den trial–and–error–Programmierstil, nach dem Motto: "Code now, think later."

Gewisse Programmiersprachen (z.B. Smalltalk–80) erlauben es nicht, vor der Programmausführung Entscheidungen zu treffen, die typisch für eine Compilation sind (Speicherplatz–Zuteilung). In diesem Falle ist eine Interpretation notwendig.

c) Unter UNIX–Systemen bekannt ist der C–Compiler *cc* und der Pascal–Compiler *pc*. Die sogenannte *Shell*, in der die Eingaben des Benutzers von der Tastatur gelesen und verarbeitet werden, ist dagegen ein Interpreter.

Lösung 2–1

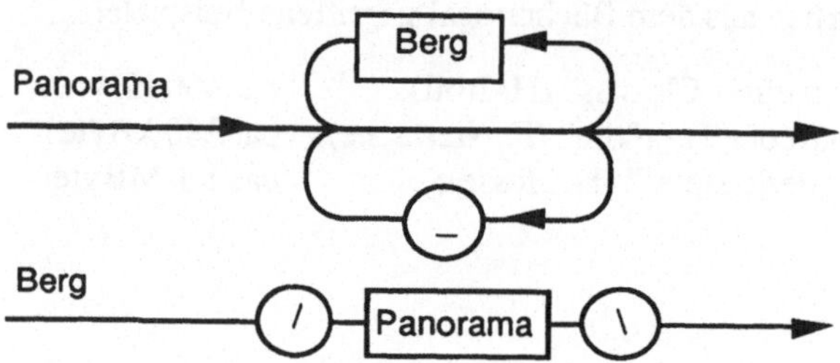

Abb. 2.9   Syntax für Bergpanoramen

Lösung 2–2

ε steht in den folgenden Produktionen für das leere Wort.

a)   S1 = ε | "A" S1 "B".

b)   S2 = "A" { "B" } "A".

c)   S3 = "B" | "A" S3 "A". Man beachte: {"A"} "B" {"A"} ist natürlich falsch!

d)   S4 ist nicht darstellbar, da die Sprache nicht kontextfrei ist.

e)   S5 = ε | "A" S5 "BB".

Lösung 2–3

a) L2 = {"A"} {"*"} "B" L2 "A" {"B"} | {"A"} {"*"} "*" {"B"} .
   oder: L2 = {"A"} {"*"} ("B" L2 "A" | "*") {"B"} .

L2

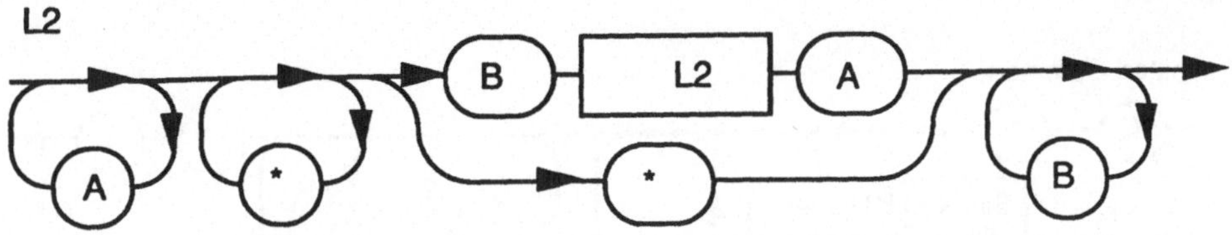

Abb. 2.10   Syntaxdiagramm für L2

b) " * * B " ist am kürzesten, weil L1 nur zwei Wörter mit drei Zeichen produziert, wovon das andere (" * A * ") nicht in L2 und L3 enthalten ist.

c)

enthalten in	L1	L2	L3
A * * A	-	-	+
A B B B * A * B	-	-	-
A * * B B A	+	-	+
A B A * A	-	+	-

Lösung 2–4

a)

Comment

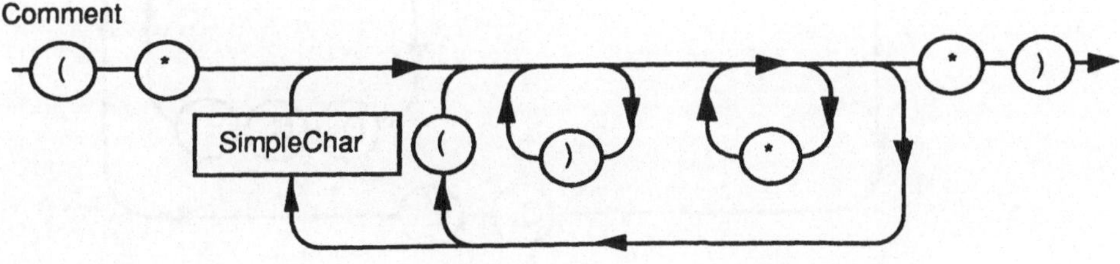

SimpleChar

Alle Zeichen außer (,), *, also außer Klammern und Stern

Abb. 2.11   Syntax für Kommentare

b)

Nested Comment

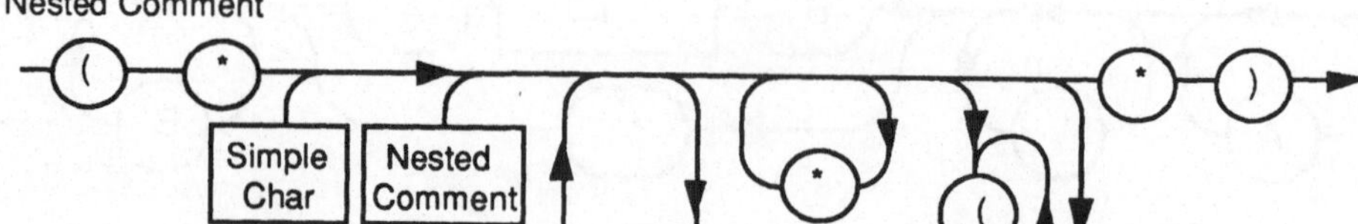

Abb. 2.12   Syntaxdiagramm für geschachtelte Kommentare

Diese Darstellung ist natürlich nur im Sinne einer Übung interessant. Reale Übersetzer erkennen zusammengesetzte Zeichen wie '(*' und '*)' bereits bei der lexikalischen Analyse als besondere Symbole. Darum ist die syntaktische Analyse danach wesentlich einfacher, als es dieses Diagramm erscheinen läßt.

Lösung 2–5

a) Das Diagramm kann durch Entflechtung der Pfade wie folgt strukturiert werden: .

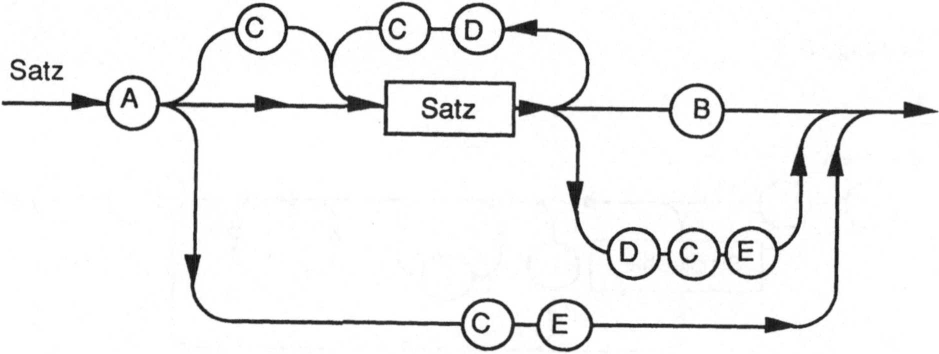

Abb. 2.13   Umgeformtes Syntaxdiagramm

Daraus ergibt sich als Antwort:
Satz = "A" (["C"] Satz { "D" "C" Satz } ("B" | "D" "C" "E") | "C" "E") .

b) b1 und b3 sind Sätze, b2 nicht, denn Anfang und Ende ("AC" und "DCE") lassen "ADCACE" übrig, was sich nicht mehr produzieren läßt.

Lösung 2–9

```
MODULE ConstExpr;
FROM InOut IMPORT WriteReal, WriteLn;
CONST a  = 2.0;
      b  = 3.0;
      c  = 0.4E1;
      pi = 3.14;
BEGIN
  (* a *) WriteReal(5.0*a + 76.0 + 3.1,8); WriteLn;
  (* b *) WriteReal(1.0 / (a*a),8); WriteLn;
  (* c *) WriteReal((-a)*(-a),8); WriteLn;
  (* d *) WriteReal(    (a+6.0)
                    / (2.0*pi*a+1.0/a),8 ); WriteLn;
  (* e *) WriteReal( a + ( b - pi/c )
                        / ( a + ( c / ( a - 1.0/b ) ) ),8 );
          WriteLn;
END ConstExpr.
```

Das Programm gibt (auf unserem MODULA–2–System) folgende Werte aus:

```
8.9E+01
2.5E-01
4.0E+00
6.1E-01
2.5E+00
```

Lösung 2–10

Natürlich könnte man am folgenden Programm noch vieles eleganter lösen; in dieser Form ist es extrem primitiv. Mit den bis Abschnitt 2.2.2 bekannten Sprachmitteln aus MODULA–2 geht es allerdings kaum besser.

```
MODULE Zahlwort;

  FROM InOut IMPORT ReadCard, WriteString, WriteLn;

  VAR zahl : CARDINAL;

BEGIN
  WriteLn;
  WriteString("Bitte Zahl eingeben: ");
  ReadCard (zahl);
  WriteLn;

  CASE zahl DIV 100 OF
  | 1 : WriteString("ein");
  | 2 : WriteString("zwei");
  | 3 : WriteString("drei");
  | 4 : WriteString("vier");
```

```
         | 5 : WriteString("fünf");
         | 6 : WriteString("sechs");
         | 7 : WriteString("sieben");
         | 8 : WriteString("acht");
         | 9 : WriteString("neun");
       END (* CASE *);
       WriteString("hundert");
       CASE zahl MOD 100 OF
       | 1  : WriteString("eins");
       | 11 : WriteString("elf");
       | 12 : WriteString("zwölf");
       | 16 : WriteString("sechzehn");
       | 17 : WriteString("siebzehn");
       ELSE IF zahl MOD 10 > 0 THEN
               CASE zahl MOD 10 OF
               | 1 : WriteString("ein");
               | 2 : WriteString("zwei");
               | 3 : WriteString("drei");
               | 4 : WriteString("vier");
               | 5 : WriteString("fünf");
               | 6 : WriteString("sechs");
               | 7 : WriteString("sieben");
               | 8 : WriteString("acht");
               | 9 : WriteString("neun");
               END (* CASE *);
               IF (zahl MOD 100 DIV 10) > 1 THEN
                  WriteString("und");
               END (* IF *);
            END (* IF *);
            CASE (zahl MOD 100 DIV 10) OF
            | 0 : (* nichts *)
            | 1 : WriteString("zehn");
            | 2 : WriteString("zwanzig");
            | 3 : WriteString("dreissig");
            | 4 : WriteString("vierzig");
            | 5 : WriteString("fünfzig");
            | 6 : WriteString("sechzig");
            | 7 : WriteString("siebzig");
            | 8 : WriteString("achtzig");
            | 9 : WriteString("neunzig");
            END (* CASE *);
       END (* CASE *);
     WriteLn;
   END Zahlwort.
```

Lösung 2–11

a)

```
   CASE a OF
   | TRUE:  awf_1
   | FALSE: awf_2
   END;
```

b)

```
IF ea_1 = 0 THEN
  IF ea_2 = 0 THEN
    awf_1
  ELSE IF ea_2 = 1 THEN
          awf_2
        ELSE
          awf_3
        END
  END;
  awf_4
ELSE IF ea_1 = 1 THEN
        awf_5
      ELSE
        awf_6
      END
END;
```

Mittels der ELSIF–Konstruktion (vgl. Syntaxdiagramm 47 im Skriptum) läßt sich
dies noch etwas weniger verwirrend schreiben:

```
IF ea_1 = 0 THEN
  IF    ea_2 = 0 THEN awf_1
  ELSIF ea_2 = 1 THEN awf_2
  ELSE                awf_3
  END;
  awf_4
ELSIF ea_1 = 1 THEN awf_5
ELSE                awf_6
END;
```

Man sieht aber deutlich, daß für derart geschachtelte Mehrfach–Alternativen die
CASE–Anweisung den übersichtlicheren Code ergibt.

Lösung 2–13

```
MODULE Signum;

FROM InOut IMPORT WriteString, WriteLn, WriteInt;

CONST (* "Testdaten" *)
  T1 = -23; T2 = -1; T3 = 1962; T4 = 1; T5 = 0;

PROCEDURE SignumInt (x:INTEGER): INTEGER;
BEGIN
  IF x<0 THEN RETURN (-1)
    ELSE IF x>0 THEN RETURN (1)
              ELSE RETURN (0)
         END;
  END;
END SignumInt;

BEGIN (* Signum *)
```

```
      WriteString ("Signum-Funktion (Test)");
      WriteLn; WriteLn;
      WriteString ("  Signum ("); WriteInt(T1,6);
      WriteString (") = ");
      WriteInt(SignumInt(T1),6); WriteLn;
      WriteString ("  Signum ("); WriteInt(T2,6);
      WriteString (") = ");
      WriteInt(SignumInt(T2),6); WriteLn;
      WriteString ("  Signum ("); WriteInt(T3,6);
      WriteString (") = ");
      WriteInt(SignumInt(T3),6); WriteLn;
      WriteString ("  Signum ("); WriteInt(T4,6);
      WriteString (") = ");
      WriteInt(SignumInt(T4),6); WriteLn;
      WriteString ("  Signum ("); WriteInt(T5,6);
      WriteString (") = ");
      WriteInt(SignumInt(T5),6); WriteLn;
   END Signum.
```

Lösung 2–14

a)

```
   PROCEDURE Masse1 (radius, dichte: REAL): REAL;
     CONST pi = 3.141592654; h = 172.0;
   BEGIN (* Masse1 *)
     RETURN pi * radius * radius * h * dichte
   END Masse1;
```

b)

```
   PROCEDURE Masse2 (radius: REAL; material: INTEGER): REAL;
   BEGIN (* Masse2 *)
     CASE material OF
     | 0: RETURN Masse1( radius,  0.998)   (* Wasser *)
     | 1: RETURN Masse1( radius, 13.546)   (* Quecksilber *)
     | 2: RETURN Masse1( radius,  7.86 )   (* Eisen *)
     | 3: RETURN Masse1( radius, 19.3  )   (* Wolfram *)
     | 4: RETURN Masse1( radius, 21.45 )   (* Platin *)
     END (* CASE *)
   END Masse2;
```

Anmerkung: Diese Lösung geht von der Annahme aus, daß Aufzählungstypen
noch nicht eingeführt sind (vgl. Skriptum 2.2.4). Mit diesen geht es natürlich
eleganter, also etwa:

```
   TYPE Materialien = (Wasser, Quecksilber, Eisen,
                       Wolfram, Platin);
```

Dann sind die Selektoren direkt die Namen der Materialien, die Kommentare in der
Fallunterscheidung werden überflüssig. Der zweite Parameter hat dann natürlich
den Typ *Materialien*:

```
PROCEDURE Masse3 (radius: REAL; material: Materialien): REAL;
BEGIN
  CASE material OF
  | ...
  END (* CASE *)
END Masse3;
```

Lösung 2–15

Das folgende Programm enthält die Funktionsprozedur *WurzelAusAbs*, außerdem
eine Prozedur *WurzelTest*, die dazu dient, *WurzelAusAbs* mit dem übergebenen
Parameter aufzurufen und das Resultat zur Kontrolle auszugeben. Wir sparen so eine
Menge Schreibarbeit, man vergleiche etwa mit der Lösung von Aufgabe 2–13.

```
MODULE Wurzel;

    FROM InOut IMPORT WriteString, WriteReal, WriteLn, Read;
    FROM MathLib IMPORT Sqrt;
    CONST (* Testdaten *)
      T1 = -23.0; T2 = -1.0; T3 = 1962.11; T4 = 1.0; T5 = 0.0;

    PROCEDURE WurzelAusAbs (x:REAL) : REAL;
    BEGIN
      IF x<0.0 THEN RETURN (Sqrt(-x))
               ELSE RETURN (Sqrt(x))
      END;
    END WurzelAusAbs;

    PROCEDURE WurzelTest(x:REAL);
    BEGIN
      WriteString("  WurzelAusAbs ("); WriteReal(x,9);
      WriteString(") = ");
      WriteReal(WurzelAusAbs (x),9); WriteLn;
    END WurzelTest;

BEGIN  (* Wurzel *)
  WriteString("WurzelAusAbs-Funktion (Test)");
  WriteLn; WriteLn;
  WurzelTest(T1);
  WurzelTest(T2);
  WurzelTest(T3);
  WurzelTest(T4);
  WurzelTest(T5);
END Wurzel.
```

Lösung 2–16[1]

Bei einer späteren Erweiterung des Programms kann es vorkommen, daß hinter den letzten Befehl vor einem "END" noch eine weitere Anweisung eingefügt werden muß. Das Semikolon hinter dem vorhergehenden Befehl wird dann leicht vergessen, und man muß unter Umständen die ganze Übersetzung wegen eines Semikolons noch einmal starten.

Nach einem "RETURN" dagegen ist kein Semikolon sinnvoll, denn eine dahinterstehende Anweisung würde garantiert niemals erreicht, kann also nur irrtümlich dorthin geschrieben werden. Gewöhnt man sich an, hinter RETURN–Anweisungen *niemals* Semikolons zu setzen, kann dieser Fehler nicht mehr passieren.

Lösung 2–17

a)

```
TYPE
  Tag    = 1..31;            (* CARDINAL (Bereichstyp) *)
  Monat = (jan, feb, mrz, apr, mai, jun,
           jul, aug, sep, okt, nov, dez);
                              (* Aufzählungstyp *)
  Jahr         = INTEGER;
  KurzeAntwort = BOOLEAN;
  Wochentag    = (montag, dienstag, mittwoch,
                  donnerstag, freitag, samstag,
                  sonntag);     (* Aufzählungstyp *)
  Arbeitstag   = (montag .. freitag);
                              (* Bereichstyp *)
```

b)

```
CONST
  Geburtsjahr      = 1965;           (* Jahr, CARDINAL *)
  pi               = 3.14159;              (* REAL *)
  Zustimmung       = TRUE; (* KurzeAntwort, BOOLEAN *)
  Geburtstag       = 1;              (* Tag, CARDINAL *)
  LetzterWochentag = sonntag;          (* Wochentag *)
  Geburtsmonat     = apr;                 (* Monat *)
  ErsterArbeitstag = montag; (* Wochen-, Arbeitstag *)
```

Lösung 2–18

```
MODULE Bereiche;

FROM InOut  IMPORT WriteString, WriteCard, WriteInt,
                   WriteLn, WriteReal;
```

---

[1]In der 1. Auflage des Skriptums (1991) sind die hier genannten Regeln leider *nicht* eingehalten!

```
    BEGIN

      WriteString('Zahlenbereiche des MODULA-2-Systems:');
      WriteLn;

      WriteString('    CARDINAL: MIN: ');
      WriteCard( MIN(CARDINAL), 8 );
      WriteString(' MAX: ');
      WriteCard( MAX(CARDINAL), 8 );
      WriteLn;

      WriteString('     INTEGER:  MIN: ');
      WriteInt( MIN(INTEGER), 8 );
      WriteString(' MAX: ');
      WriteInt( MAX(INTEGER), 8 );
      WriteLn;

      WriteString('        REAL:     MIN: ');
      WriteReal( MIN(REAL), 8 );
      WriteString(' MAX: ');
      WriteReal( MAX(REAL), 8 );
      WriteLn;

    END Bereiche.
```

Lösung 2–19

In der Zeile "W := U DIV 2;" muß das W durch ein V ersetzt werden. Dadurch verschwindet die illegale Referenz auf die nicht deklarierte Variable W, außerdem hat V dann bei der Verwendung in der nächsten Zeile einen definierten Wert.

Die Ausgabe des korrigierten Programms lautet: " 99 49 2.02E+00".

Lösung 2–20

So sieht die Lösung aus, wenn kein Überlauf erkannt werden muß:

```
    PROCEDURE Potenz (p, q: INTEGER): INTEGER;
    BEGIN
      IF q = 0 THEN
        RETURN 1
      ELSE
        RETURN p * Potenz (p, q-1)
      END (* IF *)
    END Potenz;
```

Die folgende Prozedur dagegen erkennt einen drohenden Zahlenüberlauf und gibt in diesem Falle 0 zurück, als Kennzeichen dafür, daß ein Fehler aufgetreten ist. Man könnte auch zur Sicherheit noch eine Meldung auf den Bildschirm schreiben, damit der Fehler wirklich bemerkt wird.

```
PROCEDURE Potenz (p, q: INTEGER): INTEGER;
  BEGIN
    IF q = 0 THEN
      RETURN 1
    ELSE
      IF (MAX(INTEGER) DIV ABS(p)) < Potenz(p,q-1) THEN
        RETURN 0 (* als Kennzeichen für Überlauf *)
      ELSE
        RETURN p * Potenz (p, q-1)
      END (* IF *)
    END (* IF *)
  END Potenz;
```

Allerdings benötigt diese Prozedur auch weit mehr Rechenzeit, da ja bei jedem Rekursionsschritt die gesamte Rekursion bis hinunter zur 1 noch einmal zusätzlich ausgeführt werden muß (exponentieller Aufwand). Würde man die Forderung der Variablenfreiheit verletzen, dann könnte man *Potenz(p, q–1)* natürlich zwischenspeichern und müßte jeden Wert nur einmal berechnen.

Lösung 2–21

```
PROCEDURE Quersumme(Zahl: CARDINAL): CARDINAL;
(* berechnet rekursiv die Quersumme einer Zahl
   zwischen 0 und MAX(CARDINAL) *)
BEGIN
  IF zahl = 0 THEN
    RETURN 0
  ELSE
    RETURN ((Zahl MOD 10) + Quersumme(Zahl DIV 10))
  END (* IF *)
END Quersumme;
```


Lösung 2–22

a) Diese Prozedur kommt ohne Parameter aus.

```
PROCEDURE UngeradeElemente(): INTEGER;
  VAR zahl : INTEGER;
BEGIN
  ReadInt(zahl);
  IF zahl = -1 THEN
    RETURN 0
  ELSE
    RETURN (zahl MOD 2) + UngeradeElemente()
  END (* IF *)
END UngeradeElemente;
```

(Ob eine Zahl ungerade ist, können Sie übrigens auch mit der Funktion "ODD(zahl)" bestimmen.)

b) Diese Prozedur muß über den Parameter mitgeteilt bekommen, daß sie sich am
Anfang der Liste befindet. Wir übergeben dazu den sonst nirgends auftauchenden
Wert null. Hat die Prozedur diesen Parameter, dann liest sie das aktuelle Listen-
element und reicht es als gesuchtes Element an die nächsten Inkarnationen weiter.

```
PROCEDURE NochVorhanden(GesuchtesElement: INTEGER): BOOLEAN;
  (* aus dem Hauptprog. mit GesuchtesElement = 0 aufrufen *)
  VAR zahl : INTEGER;
BEGIN
  ReadInt(zahl);
  IF zahl = -1 THEN
    RETURN FALSE
  ELSIF GesuchtesElement = 0 THEN
    RETURN NochVorhanden(zahl)
  ELSIF zahl # GesuchtesElement THEN
    RETURN NochVorhanden(GesuchtesElement)
  ELSE
    (* Gefunden! Jetzt muß noch der Rest der Liste
       gelesen werden, wobei das Resultat egal ist. *)
    RETURN NochVorhanden(GesuchtesElement) OR TRUE
  END (* IF *);
END NochVorhanden;
```

Wenn das gesuchte Element gefunden wurde, dann muß noch der Rest der Liste
zuende gelesen werden. Das wird dadurch erreicht, daß die Prozedur (in der
drittletzten Zeile) weiter aufgerufen wird, als wäre nichts geschehen, das Resultat
aber ignoriert wird (durch die Verknüpfung mit OR TRUE, wobei die Reihenfolge
der Verknüpfung wichtig ist (warum?)).

Natürlich ist das eher trickreich. Es geschieht hier nur, um die Aufgabenstellung
zu erfüllen. In einer Anwendung sollte man eine klarere Lösung bevorzugen, zum
Beispiel eine spezielle Prozedur zum Überlesen des Rests der Liste vorsehen.

c) Das bisher größte Element wird als Parameter weitergereicht. Wenn das aktuelle
Element größer als dieses ist, wird es zum neuen Parameter. Ist das Ende der Liste
erreicht, wird dieser Parameter als Ergebnis zurückgegeben.

```
PROCEDURE GroesstesElement( BisherGroesstes: INTEGER )
                                        : INTEGER;
  (* mit BisherGroesstes = 0 aufrufen *)
  VAR zahl: INTEGER;
BEGIN
  ReadInt(zahl);
  IF zahl = -1 THEN
    RETURN BisherGroesstes
  ELSIF zahl > BisherGroesstes THEN
    RETURN GroesstesElement(zahl)
  ELSE
    RETURN GroesstesElement(BisherGroesstes)
  END (* IF *);
END GroesstesElement;
```

d) Auch hier muß der Parameter in mehrfacher Bedeutung verwendet werden. Der reservierte Wert null bedeutet, daß das aktuelle Listenelement der Anfang eines Paares ist. Dieses Element wird als Parameter an die nächste Inkarnation weitergegeben. Diese erkennt, daß das aktuelle Listenelement daher der zweite Teil des Paares sein muß, gibt zuerst dieses und dann den Parameter aus, und ruft die nächste Inkarnation wieder mit dem Parameter null auf.

```
PROCEDURE VertauscheNachbarn(Vorgaenger: INTEGER);
  (* mit Vorgaenger = 0 aufrufen *)
  VAR zahl: INTEGER;
BEGIN
  ReadInt(zahl);
  IF zahl = -1 THEN
    IF Vorgaenger # 0 THEN WriteInt(Vorgaenger,2) END;
  ELSIF Vorgaenger = 0 THEN
    VertauscheNachbarn(zahl);
  ELSE
    WriteInt(zahl,2); WriteInt(Vorgaenger,2);
    VertauscheNachbarn(0);
  END (* IF *);
END VertauscheNachbarn;
```

Allgemein: Prozeduren, die mit bestimmten festen Anfangsparametern aufgerufen werden müssen, sind eher schlechter Stil und eine Quelle für Fehlbenutzung durch andere Programmierer. Um die Sicherheit des Programms zu erhöhen, sollte man solche Routinen zumindest in eine parameterlose Prozedur einschachteln, die die innere Prozedur dann mit den richtigen Parametern startet.

Beispiel (zu (d)):

```
PROCEDURE NachbarnTausch();
BEGIN
  VertauscheNachbarn(0);
END NachbarnTausch;
```

Lösung 2–23

a)

```
PROCEDURE Ack(m,n : CARDINAL) : CARDINAL;
BEGIN
  IF    m = 0 THEN RETURN n+1
  ELSIF n = 0 THEN RETURN Ack(m-1,1)
  ELSE            RETURN Ack(m-1,Ack(m,n-1))
  END (* IF *)
END Ack;
```

b)

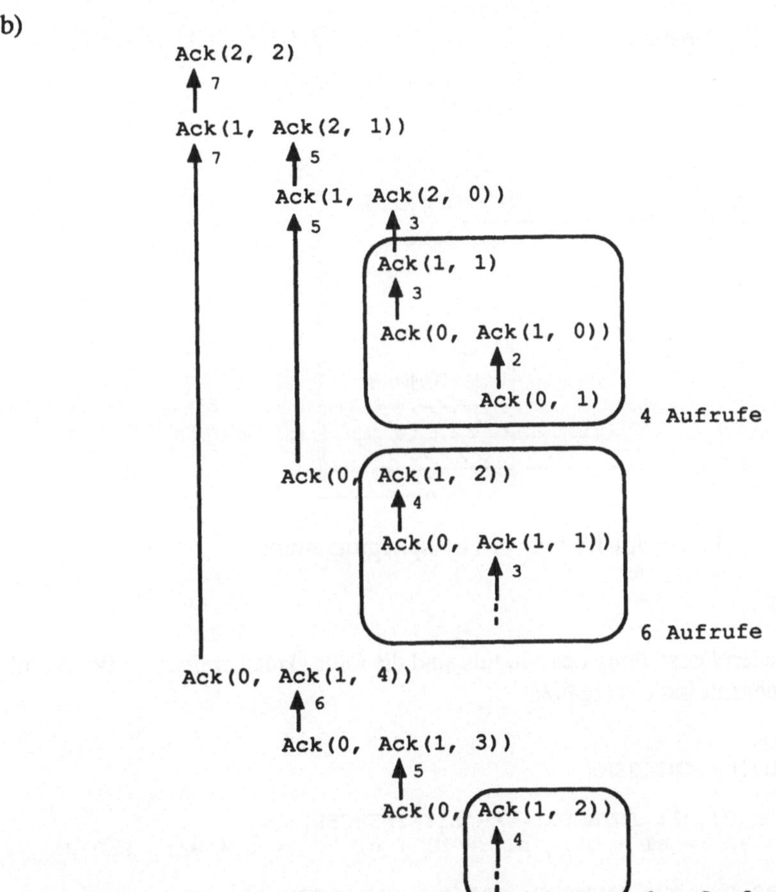

Abb. 2.14 Aufrufdiagramm für $Ack(2,2)$

c) Für $Ack(2,2)$ sind 27 Aufrufe erforderlich (siehe oben), für $Ack(2,3)$ sind es 44.

Lösung 2–25

Das Programm liefert die Werte 6 und −1. Die Tabelle veranschaulicht, wie die Ausführung abläuft:

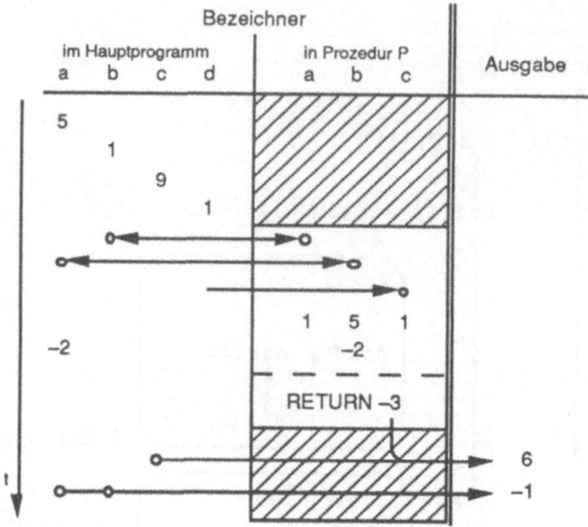

Abb. 2.15   Tabelle zur Ausführung des Beispielprogramms

Lösung 2–26

a) In der folgenden Darstellung des Moduls sind die Gültigkeitsbereiche markiert und
   die Bezeichner mit Indices ergänzt:

```
MODULE M;
VAR a, b, c: INTEGER;

PROCEDURE P( a1: INTEGER; VAR b1: INTEGER);
   BEGIN  a1 := a1 + b1;  b1 := b1 + c;  c := c + a1;  END P;

PROCEDURE Q ( a2: INTEGER; VAR b2: INTEGER);

   PROCEDURE P1( a3: INTEGER; VAR b3: INTEGER);
      BEGIN  c := c + b3; a3 := a3 + c; b3 := b3 + a3;  END P1;

   BEGIN (* Q *)
      a2 := a2 + b2; b2 := b2 + a2 - c; P1( b2, c);
   END Q;

BEGIN (* M *)
   a := 1;  b := 2;  c := 3;  P( b, c);  Q( c, b);  P( c, a);
END M.
```

b) Das entsprechende Ablaufdiagramm sieht so aus:

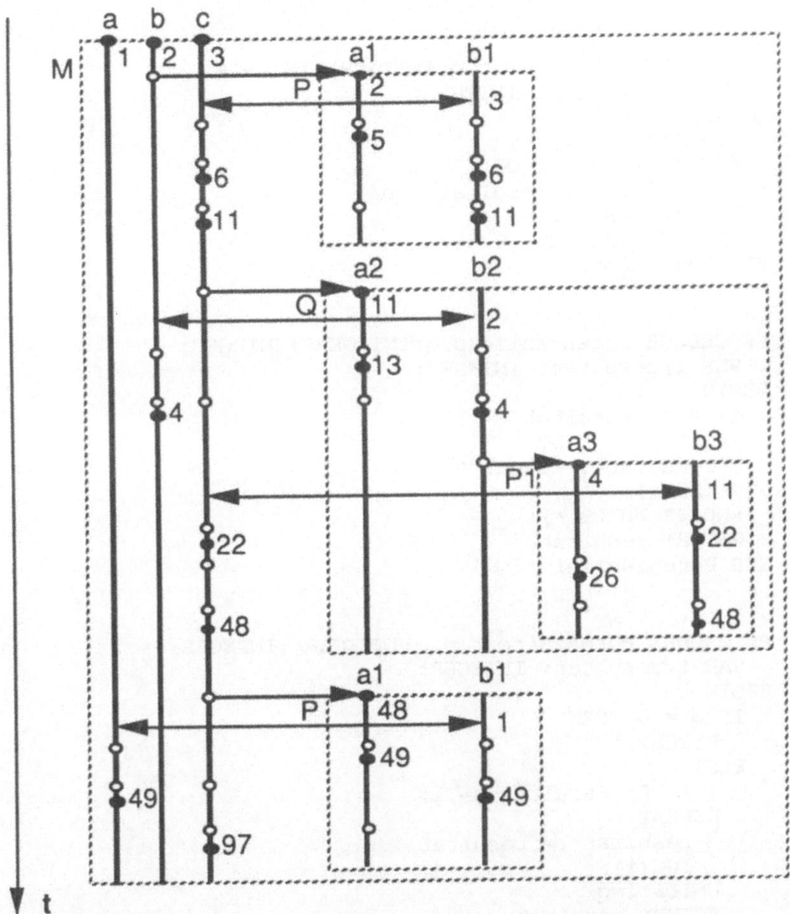

(Zur Bedeutung der Symbole vgl. Abbildung 2.15 im Skriptum.)

Abb. 2.16   Ablaufdiagramm

Lösung 2–27

a)

```
PROCEDURE PotenzFor(p,q:INTEGER):INTEGER;
  VAR i,resultat: INTEGER;
BEGIN
  resultat := 1;
  FOR i := 1 TO q DO
    resultat := resultat * p;
  END (* FOR *);
  RETURN resultat
END PotenzFor;
```

b)

```
PROCEDURE PotenzWhile(p,q:INTEGER):INTEGER;
  VAR i,resultat: INTEGER;
BEGIN
  i := 1; resultat := 1;
  WHILE i <= q DO
    resultat := resultat * p;
    INC(i);
  END (* WHILE *);
  RETURN resultat
END PotenzWhile;
```

c)

```
PROCEDURE PotenzRepeat(p,q:INTEGER):INTEGER;
  VAR i,resultat: INTEGER;
BEGIN
  IF q = 0 THEN
    RETURN 1
  ELSE
    i := 0; resultat := 1;
    REPEAT
      resultat := resultat * p;
      INC(i);
    UNTIL i=q;
    RETURN resultat
  END (* IF *)
END PotenzRepeat;
```

d)

```
PROCEDURE PotenzLoop(p,q:INTEGER):INTEGER;
  VAR i,resultat: INTEGER;
BEGIN
  i := 1; resultat := 1;
  LOOP
    IF i>q THEN EXIT END;
    resultat := resultat * p;
    INC(i);
  END (* LOOP *);
  RETURN resultat
END PotenzLoop;
```

Natürlich führt die FOR–Schleife hier zur einfachsten Lösung, die darum auch in der Praxis vorzuziehen ist.

Die Lösungen mit WHILE– und LOOP–Schleife ähneln sich und sind beide tragbar, falls aus irgendwelchen Gründen keine FOR–Schleife möglich ist (zum Beispiel weil nach Schleifenende noch auf die Laufvariable zugegriffen werden muß).

Die REPEAT–Schleife ist klar die umständlichste Konstruktion, weil der Test *vor* dem ersten Durchlauf nicht entfallen kann. Diese Lösung *könnte* allerdings Vorteile bringen in einer Umgebung, in der q oft den Wert 0 hat und es auf Effizienz ankommt. Man hat dann für diesen speziellen Fall ein ausgezeichnetes Zeitverhalten.

Die rekursive Lösung schließlich aus Aufgabe 2–20 ist recht elegant, aber ohne Erfahrung mit Rekursion möglicherweise schwerer zu verstehen als die iterativen Lösungen. Der Nachteil, daß die Rekursion mit steigendem Exponenten immer mehr Speicher verbraucht, fällt bei heutigen Rechnersystemen in der Regel nicht mehr ins Gewicht. Funktionale Rekursion bietet außerdem den Vorteil, leichter formal verifizierbar zu sein als Iteration (vgl. Kapitel 4 im Skriptum).

Lösung 2–28

```
PROCEDURE Dummy;
  VAR i: [0..20]; sum: INTEGER;
BEGIN
  i := 0; (* damit kann der Typ von i *)
          (* unveraendert bleiben      *)
  REPEAT INC (i); sum := sum+i; UNTIL i = 20;
END Dummy;
```

Natürlich sollte statt "20" im Programm eine symbolische Konstante stehen.

Lösung 2–29

a) Wir legen die folgende Definition des Binomialkoeffizienten zugrunde:

$$\binom{n}{0} := 1, \quad \binom{n}{k+1} := \binom{n}{k} \cdot \frac{n-k}{k+1}$$

$$\Rightarrow \binom{n}{k} = \binom{n}{k-1} \cdot \frac{n-k+1}{k}$$

Damit erhalten wir:

```
PROCEDURE BinKoeffRek (n,k : CARDINAL) : CARDINAL;
BEGIN
  IF (n = 0) OR (k = 0) OR (n = k) THEN
    RETURN 1
  ELSE
    RETURN (BinKoeffRek(n,k-1) * (n-k+1)) DIV k
  END
END BinKoeffRek;
```

b) Für eine iterative Lösung verwendet man die folgende Schreibweise:

$$\binom{n}{k} = \frac{n\ (n-1)\ (n-2)\ \cdots\ (n-k+2)\ (n-k+1)}{k!} \quad \text{für } k \neq 0 .$$

Da im Zähler und im Nenner gleichviele Faktoren stehen, berechnet man jeweils die Quotienten zweier Faktoren und multipliziert diese. Würde man zuerst Zähler und Nenner getrennt berechnen, käme es unter Umständen zu einem Überlauf während der Berechnung, auch wenn das Endergebnis durchaus kleiner wäre als MAX (CARDINAL) DIV k. Jenseits dieser Grenze erzeugt auch diese Lösung einen Überlauf.

```
PROCEDURE BinKoeffIter (n,k : CARDINAL) : CARDINAL;
VAR i, s: CARDINAL;
BEGIN
  s := 1;
  FOR i := 1 TO k DO s := (s * (n-i+1)) DIV i; END;
  RETURN s
END BinKoeffIter;
```

Man beachte in beiden Prozeduren auch die Klammerung: Damit wird sichergestellt, daß die Division immer aufgeht, denn wenn durch i geteilt wird, steht in s das Produkt aus i aufeinanderfolgenden Zahlen. Dieses ist (obwohl schon andere Teiler angewendet wurden) stets durch i teilbar.

Lösung 2–30

Anmerkungen: Zeichenweise Ein– und Ausgabe ist erfahrungsgemäß eine sehr maschinenabhängige Angelegenheit. Bei dem hier verwendeten MODULA–2–System (MacMETH) stehen mit Read gelesene Einzelzeichen sofort nach dem Tastendruck zur Verfügung. In anderen Umgebungen werden die Zeichen u.U. erst dann übertragen, wenn ein RETURN gedrückt wurde. Es empfiehlt sich grundsätzlich, die Beschreibung der Ein– und Ausgabefunktionen im Handbuch des verwendeten Compilers nachzuschlagen.

Die Prozedur zur Verarbeitung arithmetischer Ausdrücke kann so aussehen:

```
PROCEDURE Ausdruck(): INTEGER;
  VAR a, b      : INTEGER;
      ch,
      operation: CHAR;
BEGIN
  Read(ch); Write(ch);
  CASE ch OF
  | '0'..'9': RETURN ORD(ch) - ORD('0')
  ELSE
    IF ch = '(' THEN
      a := Ausdruck();
      Read(operation);
      b := Ausdruck();
      Read(ch);
      IF ch = ')' THEN
        CASE operation OF
        | '+' : RETURN a + b
        | '-' : RETURN a - b
        | '*' : RETURN a * b
        ELSE    WriteLn; WriteString("Falscher Operator: ");
                WriteString("+,- oder * erwartet."); WriteLn;
                RETURN 0
        END (* CASE *)
      ELSE
        WriteLn; WriteString("Klammerung unvollständig.");
        WriteLn;
        RETURN 0
      END (* IF *);
    ELSE
      WriteLn; WriteString("Klammerung fehlt."); WriteLn;
      RETURN 0
    END (* IF *);
  END (* CASE *);
END Ausdruck;
```

Ergänzung: Versuchen Sie, die Prozedur so zu erweitern, daß sie auch mehrstellige Zahlen verarbeiten kann.

Lösung 2–31

a) Dies ist die Syntax einer korrekten Zeichenfolge (die Zahlen bezeichnen die Labels
im Pascal–Programm):

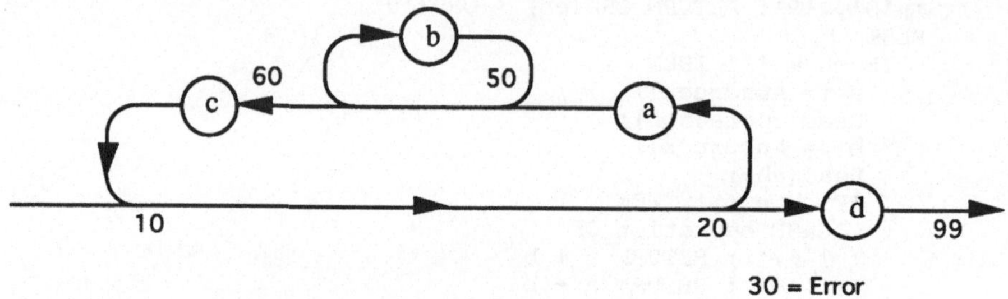

Abb. 2.17   Syntaxdiagramm der korrekten Zeichenfolge

b) MODULA–2–Programm:

```
MODULE SyntaxCheck;

    FROM InOut IMPORT WriteString, WriteLn,
                      Read;
    VAR ch     : CHAR;
        correct: BOOLEAN;

BEGIN
  correct := TRUE;
  Read(ch);
  WHILE correct AND (ch = 'a') DO
    Read(ch);
    WHILE ch = 'b' DO
      Read(ch);
    END (* WHILE *);
    correct := (ch = 'c');
    IF correct THEN Read(ch); END (* IF *);
  END (* WHILE *);
  correct := correct AND (ch='d');
  IF correct THEN WriteString("    o.k.")
             ELSE WriteString("    error");
  END (* IF *);
  WriteLn;
END SyntaxCheck.
```

c) MODULA–2–Programm ohne GOTO und ohne Schleifen:

Die Lösung basiert auf der folgenden rekursiven EBNF–Grammatik, die äquiva-
lent zum obigen Syntaxdiagramm ist:

$$S = (\text{``a''}A \mid \text{``d''}).$$
$$A = (\text{``b''}A \mid \text{``c''}S).$$

Die beiden Produktionen werden jeweils durch eine Prozedur realisiert. Damit diese sich wechselseitig aufrufen können, wird "A" in "S" eingeschachtelt[1].

```
MODULE RecSyntaxCheck;

  FROM InOut IMPORT WriteString, WriteLn,
                    Read;
  VAR ch : CHAR;

  PROCEDURE S;

    PROCEDURE A;
    BEGIN
      Read(ch);
      IF    ch = 'b' THEN A
      ELSIF ch = 'c' THEN S
      ELSE              WriteString("   error")
      END (* IF *)
    END A;

  BEGIN (* S *)
    Read(ch);
    IF    ch = 'a' THEN A
    ELSIF ch = 'd' THEN WriteString("   o.k.")
    ELSE              WriteString("   error")
    END (* IF *)
  END S;

BEGIN (* RecSyntaxCheck *)
  S;
  WriteLn;
END RecSyntaxCheck.
```

---

[1]siehe auch Programm P2.19a im Skriptum. Eigentlich erlaubt MODULA–2 Vorwärtsreferenzen (also die Verwendung einer Prozedur vor deren vollständiger Deklaration), so daß die Schachtelung nicht notwendig wäre. Viele Compiler weichen aber an dieser Stelle vom Sprachstandard ab, weshalb wir dieses Problem hier umgehen.

Lösung 2–32

```
    ...

    TYPE FuncTyp = PROCEDURE(REAL,REAL):REAL;
    ...

    PROCEDURE MinMax ( f: FuncTyp;
                       xa, xb, xd,
                       ya, yb, yd: REAL );
      VAR minimum,
          maximum:     REAL;        (* Extremwerte der Funktion *)
          xMin, xMax,
          yMin, yMax: REAL; (* Koordinaten der Extremwerte *)
          x, y, wert: REAL;                (* Hilfsvariablen *)
    BEGIN
      IF (xa<xb)AND(ya<yb)AND(xd>0.0)AND(yd>0.0) THEN
        x := xa;
        minimum := f(xa, ya);
        xMin := xa; yMin := ya;
        maximum := minimum;
        xMax := xa; yMax := ya;
        WHILE x <= xb DO           (* WHILE wegen REAL xd, yd *)
          y := ya;
          WHILE y <= yb DO
            wert := f(x, y);
            IF wert < minimum THEN
              minimum := wert; xMin := x; yMin := y;
            ELSIF wert > maximum THEN
              maximum := wert; xMax := x; yMax := y;
            END (* IF *);
            y := y + yd;
          END (* WHILE *);
          x := x + xd;
        END (* WHILE *);
        WriteString("Minimum: "); WriteReal(minimum,8);
        WriteString("  bei x = "); WriteReal(xMin,8);
        WriteString(", y = "); WriteReal(yMin,8); WriteLn;
        WriteString("Maximum: "); WriteReal(maximum,8);
        WriteString("  bei x = "); WriteReal(xMax,8);
        WriteString(", y = "); WriteReal(yMax,8); WriteLn;
      ELSE
        WriteString("Fehler: Einer der Parameter ");
        WriteString("hat einen unzulässigen Wert.");
        WriteLn;
      END (* IF *);
    END MinMax;

    (* Beispielfunktionen: *)

    PROCEDURE f1 (x, y: REAL): REAL;
    BEGIN
      RETURN Sin(2.0*x)+Sin(3.0*y)+Cos(4.0*x)+Cos(5.0*y);
    END f1;
```

```
PROCEDURE f2 (x, y : REAL): REAL;
BEGIN
  RETURN Exp(x+y/2.0) * Cos(2.0*x*y);
END f2;
...

BEGIN (* Hauptprogramm *)
  ...
  MinMax(f1, -1.0,1.0,0.1, -1.0,1.0,0.1);
  MinMax(f2, -1.0,1.0,0.1, -1.0,1.0,0.1);
  ...
END Minimax.
```

Lösung 2–34

a) Das Prinzip der Lösung: Mittels zweier geschachtelter FOR–Schleifen werden
   sämtliche zweielementigen Mengen erzeugt, die über dem Grundtyp möglich sind.
   Die innere Schleife fängt hinter dem aktuellen Wert der äußeren Schleife an, um
   Doppelnennungen zu vermeiden. In den Schleifen wird geprüft, ob die jeweiligen
   Elemente in der Menge S vorkommen (IN–Operator).

```
VAR
  S, Teilmenge : mengentyp;
  e1,e2        : grundmenge;
...

  FOR e1 := a TO j DO
    IF e1 IN S THEN
      FOR e2 := VAL(grundmenge, ORD(e1)+1) TO k DO
        IF e2 IN S THEN
          Teilmenge := mengentyp{};
          INCL(Teilmenge,e1);
          INCL(Teilmenge,e2);
          PrintSet(Teilmenge); WriteLn;
        END (* IF *);
      END (* FOR e2 *);
    END (* IF *);
  END (* FOR e1 *);
  WriteLn;
```

b) Wenn die Verwendung des IN–Operators ausgeschlossen ist, müssen wir diesen
   irgendwie simulieren. Hier geschieht das dadurch, daß die Teilmengen–Kandidaten tatsächlich erzeugt werden, um dann mit dem `<=´–Operator zu prüfen, ob
   es sich um eine Untermenge des Menge S handelt:

```
VAR
  S, Teilmenge : mengentyp;
  e1,e2         : grundmenge;
...

  Teilmenge := mengentyp{};
  FOR e1 := a TO j DO
    INCL(Teilmenge,e1);
    IF Teilmenge <= S THEN
      FOR e2 := VAL(grundmenge,ORD(e1)+1) TO k DO
        INCL(Teilmenge,e2);
        IF Teilmenge <= S THEN
          PrintSet(Teilmenge); WriteLn;
        END (* IF *);
        EXCL(Teilmenge,e2);
      END (* FOR e2 *);
    END (* IF *);
    EXCL(Teilmenge,e1);
  END (* FOR *);
  WriteLn;
```

Lösung 2–35

Das folgende Programm enthält die Prozeduren für alle Teilaufgaben.

```
MODULE Feldverarbeitung;

  FROM InOut IMPORT WriteString, WriteInt, WriteLn,
                    ReadInt;

  CONST n = 15;   (* Größe des Feldes A *)
  VAR   A : ARRAY[1..n] OF INTEGER;

  PROCEDURE Eingabe;
  (* liest n INTEGER-Werte in das globale Feld A ein, *)
  (* gibt dieses dann gleich wieder aus.              *)
    VAR i: INTEGER;
  BEGIN
    WriteString("Eingabe des Feldes (");
    WriteInt(n,2); WriteString(" INTEGERs)");
    WriteLn; WriteLn; WriteString(" -> ");
    FOR i := 1 TO n DO ReadInt(A[i]) END;
    WriteLn;
    WriteString("Das Feld A hat die Werte:"); WriteLn;
    WriteString(" -> ");
    FOR i := 1 TO n DO WriteInt(A[i],4); END; WriteLn;
  END Eingabe;

  PROCEDURE Maximum;
  (* Bestimmt das Maximum des Feldes A. Jedes Element *)
  (* wird mit dem aktuellen Maximum verglichen und    *)
  (* falls es groesser ist, wird es zum neuen Maximum *)
    VAR i, Max: INTEGER;
```

```
      BEGIN
        Max := A[1];
        FOR i := 2 TO n DO
          IF A[i] > Max THEN Max := A[i]; END;
        END (* FOR *);
        WriteString("Maximum: "); WriteInt(Max,3); WriteLn;
      END Maximum;

      PROCEDURE Median;
      (* Bestimmt den Median des Feldes A. Jedes Element *)
      (* wird geprueft, bis der Median gefunden ist.     *)
        VAR i: INTEGER;

        PROCEDURE istMedian (k: INTEGER): BOOLEAN;
        (* prueft, ob A[k] der Median ist. Das ist genau *)
        (* dann der Fall,falls (AnzahlKleiner≤(n DIV 2)) *)
        (* und (AnzahlGroesser≤(n DIV 2)).               *)

          VAR AnzahlKleiner,
              AnzahlGroesser, i: INTEGER;

        BEGIN
          AnzahlKleiner := 0; AnzahlGroesser := 0;
          FOR i := 1 TO n DO
            IF A[i] < A[k]    THEN INC(AnzahlKleiner);
            ELSIF A[i] > A[k] THEN INC(AnzahlGroesser);
            END (* IF *);
          END (* FOR *);
          RETURN (AnzahlKleiner <= (n DIV 2)) AND
                 (AnzahlGroesser <= (n DIV 2))
        END istMedian;

      BEGIN (* Median *)
        i := 0;
        REPEAT INC(i) UNTIL istMedian(i);
        WriteString("Median: "); WriteInt(A[i],3); WriteLn;
      END Median;

      PROCEDURE DreiGeradeZahlen; (* Gutes Beispiel...    *)
      (* gibt die ersten 3 geraden Zahlen d. Feldes A aus *)
        VAR Anzahl: INTEGER; (* Anzahl der ausgegebenen   *)
                             (* geraden Zahlen            *)
            i:        INTEGER;
      BEGIN
        Anzahl := 0; i := 1;
        WriteString("Die ersten 3 geraden Zahlen: ");
        WHILE (Anzahl < 3) DO
          IF ((A[i] MOD 2) = 0) THEN
            WriteInt(A[i], 3); INC(Anzahl);
          END (* IF *);
          INC(i);
        END (* WHILE *);
        WriteLn;
      END DreiGeradeZahlen;
```

```
BEGIN (* Feldverarbeitung *)
  Eingabe;          (* Eingabe des Feldes und Pruefausgabe *)
  Maximum;          (* Bestimmung des Maximums             *)
  Median;           (* Bestimmung des Medians              *)
  DreiGeradeZahlen; (*Best.der ersten 3 geraden Zahlen *)
END Feldverarbeitung.
```

Lösung 2–36

Anmerkung: Man wird diese Aufgabe normalerweise nicht mit einem Array lösen. Das Problem verlangt eigentlich nach einer *Ringliste* als Datenstruktur, die aber erst in Abschnitt 2.4.4 eingeführt wird.

Die n Kinder werden durch ein Boolsches Array dargestellt. Bei noch nicht ausgeschiedenen Kindern ist das Array–Element TRUE, sonst FALSE. Mit einer FOR–Schleife von 1 bis m wird das nächste ausscheidende Kind ermittelt. Dabei werden nicht mehr vorhandene Kinder übersprungen. Durch die Verwendung des MOD–Operators beginnt das Zählen am Ende wieder von vorn. Initialisierung: alle Kinder drin und $i = n$ (d.h. die erste MOD–Operation in der Schleife setzt i auf das erste Kind).

```
CONST Maxn = 10;

PROCEDURE Reim (n,m: CARDINAL);  (* n <= Maxn! *)
  VAR i : CARDINAL; (* Position im Kreis             *)
      j : CARDINAL; (* Silbenzaehler                 *)
      k : CARDINAL; (* Zaehler der ausgesch. Kinder *)
      drin    : ARRAY [1 .. Maxn] OF BOOLEAN;
BEGIN
  FOR i := 1 TO n DO
    drin[i] := TRUE;                       (* Initialisierung *)
  END (* FOR *);
  i := n;         (* entspricht Position 0, d.h. vor Kind 1 *)
  FOR k:= 1 TO n DO     (* alle Kinder sollen ausscheiden *)
    FOR j := 1 TO m DO (* bestimme das naechste,m-te Kind *)
      REPEAT          (* suche naechstes verbleibenes Kind *)
        i := i MOD n + 1;
      UNTIL drin[i];
    END (* FOR j *);
    WriteCard(i,3);
    drin[i] := FALSE;
  END (* FOR k *);
END Reim;
```

Lösung 2–37

a)
```
    PROCEDURE Zeigen; (* Ausgabe der Plätze *)
      VAR x, y: INTEGER;
    BEGIN (* Zeigen *)
      WriteLn;
      FOR y := 1 TO MaxIndex DO
        FOR x := 1 TO MaxIndex DO
          IF Feld [y, x] = Leer THEN
            WriteString("    ");
          ELSE
            WriteInt(Feld[y, x],4);
          END (* IF *);
        END (* FOR *);
        WriteLn;
      END (* FOR *);
      WriteLn;
    END Zeigen;
```

b)
```
    PROCEDURE Lokalisiere (stein:    SteinTyp;
                                VAR x,y: IndexTyp);
    BEGIN
      y := 1;
      WHILE y <= MaxIndex DO
        x := 1;
        WHILE x <= MaxIndex DO
          IF Feld[y,x] = stein THEN
            RETURN
          ELSE
            INC(x);
          END (* IF *);
        END (* WHILE *);
        INC(y);
      END (* WHILE *);
    END Lokalisiere;
```

c)
```
    PROCEDURE Ziehen;
    VAR kandidat: SteinTyp; (* Nummer des zu ziehenden Elements *)
        kandX,
        kandY    : IndexTyp;  (* Position des Schiebekandidaten *)

      (* ... *)

    BEGIN (* Ziehen *)
      WriteString("Gib Nummer des zu ziehenden Elements, ");
      WriteString("'0' für Ende: ");
      ReadInt(kandidat); WriteLn;
      Ende := kandidat = 0;

      IF NOT Ende THEN
        Lokalisiere(kandidat,kandX,kandY); (* finde Kandidat *)
```

```
          (* Falls Kandidat ein Nachbarstein des leeren Feldes: *)
          IF ABS(kandX-leerX) + ABS(kandY-leerY) = 1 THEN
            Feld[kandY, kandX] := 0;
            Feld[leerY, leerX] := kandidat;
            leerY := kandY; leerX := kandX;
          END (* IF *);
        END (* IF *);
      END Ziehen;
```

Lösung 2–38

a)
```
        PROCEDURE StringLaenge( Str: ARRAY OF CHAR ): CARDINAL;
          VAR i: CARDINAL;
        BEGIN
          FOR i := 0 TO HIGH(Str) DO
            IF Str[i] = CHR(0) THEN RETURN i END;
          END (* FOR *);
          RETURN HIGH(Str)+1
        END StringLaenge;
```

b)
```
        PROCEDURE StringCopy( VonString     : ARRAY OF CHAR;
                              VAR NachString: ARRAY OF CHAR );
          VAR i: CARDINAL;
        BEGIN
          i := 0;
          LOOP
            NachString[i] := VonString[i];
            IF (VonString[i]=CHR(0)) OR (i=HIGH(VonString)) OR
               (i=HIGH(NachString)) THEN EXIT END;
            INC(i);
          END (* LOOP *);
          IF i = HIGH(NachString) THEN
            IF i < (StringLaenge(VonString)-1) THEN
              WriteString("StringCopy: NachString zu kurz, ");
              WriteString("Zeichen abgeschnitten."); WriteLn;
            END (* IF *);
          ELSIF i = HIGH(VonString) THEN
            NachString[i+1] := CHR(0);
          END (* IF *);
        END StringCopy;
```

c)
```
        PROCEDURE StringsVerketten( VAR Str1: ARRAY OF CHAR;
                                    Str2    : ARRAY OF CHAR );
          VAR Str1Pos, Str2Pos: CARDINAL;
        BEGIN
          Str1Pos := StringLaenge(Str1); Str2Pos := 0;
          LOOP
            IF Str1Pos > HIGH(Str1) THEN
              IF Str2Pos < StringLaenge(Str2) THEN
                WriteString("StringsVerketten: Str1 zu kurz, ");
                WriteString("Zeichen abgeschnitten."); WriteLn;
              END (* IF *);
              EXIT
            END (* IF *);
```

```
            Strl[StrlPos] := Str2[Str2Pos];
            IF Str2Pos+1 = StringLaenge(Str2) THEN
              EXIT
            END (* IF *);
            INC(StrlPos); INC(Str2Pos);
          END (* LOOP *);
          IF StrlPos < HIGH(Strl) THEN
            Strl[StrlPos+1] := CHR(0);
          END (* IF *);
        END StringsVerketten;
```

d)
```
        PROCEDURE StringAusgeben( Str: ARRAY OF CHAR );
          VAR i: CARDINAL;
        BEGIN
          i := 0;
          LOOP
            IF Str[i] = CHR(0) THEN EXIT END;
            Write(Str[i]);
            IF i = HIGH(Str) THEN EXIT END;
            INC(i);
          END (* LOOP *);
        END StringAusgeben;
```

e) Prozeduren, die in Fehlerfällen versuchen, sich intuitiv sinnvoll zu verhalten, sind
oft der Grund für schwer zu findende Programmfehler. Wenn die Software eine
"Notlösung" versucht, wie etwa das Abschneiden überzähliger Zeichen in einem
String, dann sollte wenigstens eine Meldung ausgegeben werden, damit der Fehler
bemerkt wird. (Man bedenke aber, daß der spätere Benutzer mit solchen Mel-
dungen in der Regel nichts anfangen kann.) Es gibt eine ganze Reihe weiterer
Möglichkeiten, Fehler im Programm zu behandeln; einige davon sind:

- Fehler über besondere Rückgabeparameter signalisieren. Die aufrufende Prozedur muß sich dann entsprechend verhalten (eventuell selbst den Fehler weiter
  nach oben melden).

- Modul–globale Statusvariablen, die bei jeder Ausführung einer Prozedur gesetzt
  werden und danach abgefragt werden können. Dadurch spart man sich den
  Aufwand für die besonderen Rückgabeparameter.

- Sofort an der Stelle, an der der Fehler auftritt, einen Programmabbruch ver-
  anlassen, zum Beispiel über einen Betriebssystemaufruf (die brutale Methode).
  Selbstverständlich sollte auch das nicht kommentarlos erfolgen; außerdem
  müssen vorher oft gewisse "Aufräumarbeiten" erledigt werden, wenn das Betriebssystem nicht in Schwierigkeiten kommen soll.

  Dies ist die beste Lösung, wenn nach dem Fehler kein sinnvolles Weiterarbeiten
  mehr möglich ist. Allerdings bieten nicht alle Programmiersprachen diese
  Möglichkeit, MODULA–2 zum Beispiel "von Haus aus" nicht.

- Sicher und komfortabel ist das Problem etwa durch die "Ausnahme–Behandlung" der Sprache Ada gelöst. Hier können in Fehlerfällen frei definierbare "exceptions" ausgelöst werden, die entweder einen kommentierten Programmabbruch bewirken oder vom Programmierer mit einem speziellen "exception handler" abgefangen und behandelt werden.

Lösung 2–39

a) Eine geeignete Datenstruktur ist beispielsweise:

```
CONST Groesse = 10;   (* Kantenlaenge des Labyrinths *)
      Rand    = 2*Groesse;(* wird haeufig gebraucht *)

TYPE  IndBereich   = [0..Rand];
      LabyrinthTyp =
            ARRAY IndBereich, IndBereich OF BOOLEAN;

(* Interpretation:
   Die Plaetze [1,1], [1,3], [1,5] usw. repraesentieren
   die Felder; markierte Felder sind TRUE, die uebrigen
   FALSE; Plaetze [1,2], [1,4], [1,6] usw. mit TRUE die
   senkr. Grenzen; Plaetze [2,1], [4,1], [6,1] usw. mit
   TRUE die waager. Grenzen. Plaetze [0,3], [0,5], [0,7]
   usw. sind TRUE (oberer Rand), ebenso Plaetze [3,0],
   [5,0] usw. (linker Rand} sowie Plätze mit 'Rand' in
   der ersten oder zweiten Position für den rechten und
   den unteren Rand. Die Matrix ist nur etwa zur Haelfte
   genutzt (beispielsweise bleibt das Feld [0,0] unbe-
   nutzt), aber die Datentruktur ist einfach zu
   gebrauchen.
*)

VAR Laby : LabyrinthTyp;
```

Natürlich sind auch andere Darstellungen möglich, beispielsweise durch mehrere Matrizen oder durch eine Matrix aus Records, in der verschiedene Felder für die Grenzen oben, unten, links und rechts am Feld vorhanden sind.

b) Das Prinzip der rekursiven Lösung ist hier grundsätzlich einfach: Man macht einen zulässigen, im übrigen aber beliebigen Schritt im Labyrinth auf ein zuvor noch nicht besuchtes Nachbarfeld und sucht nach dem gleichen Algorithmus von dort erneut weiter, bis man das Zielfeld erreicht hat.

Leider weiß man aber erst bei der Rückkehr aus der Rekursion, ob man das Ziel erreicht hat. Darum hilft ein Trick, um die gesuchte Ausgabe, den Pfad vom Start zum Ziel, zu erhalten: Man sucht den Weg *rückwärts* vom Ziel zum Start. Der Rest ist Schreibarbeit.

```
PROCEDURE Loesung(i, j: IndBereich; Dir: CHAR): BOOLEAN;
(* Suche einer Loesung rueckwaerts ab Position Zeile i,
   Spalte j.
   Loesung liefert TRUE, falls eine Loesung gefunden
   wurde; in diesem Falle wird als Nebenwirkung das
   Zeichen Dir vor Rückkehr aus Loesung auf den Bild-
   schirm geschrieben. In jedem Falle wird in der
   globalen Datenstruktur Laby der Platz i, j als be-
   sucht markiert.Die Auswertung der boolschen Ausdruecke
   von links nach rechts, aber nicht weiter als erfor-
   derlich, ist für diese Loesung essentiell.
*)

CONST StartPosi = 1; StartPosj = 1; (* wird gesucht ! *)

BEGIN
  Laby[i,j] := TRUE;       (* Standort als besucht markieren  *)
  IF ((i=StartPosi)
      AND (j=StartPosj))         (* Sind wir schon am Start?   *)

  OR((NOT Laby[i-1,j]) AND (NOT Laby[i-2,j])
     AND Loesung(i-2,j,'S'))   (* Falls Nein: existiert ein   *)
                               (* Weg Richtung Norden?        *)

  OR((NOT Laby[i,j-1]) AND (NOT Laby[i,j-2])
     AND Loesung(i,j-2,'O'))   (* Falls Nein: prüfe, ob Weg   *)
                               (* Richtung Westen...          *)

  OR((NOT Laby[i+1,j]) AND (NOT Laby[i+2,j])
     AND Loesung(i+2,j,'N'))   (* ...sonst in Richtung        *)
                               (* Süden?...                   *)

  OR((NOT Laby[i,j+1]) AND (NOT Laby[i,j+2])
     AND Loesung(i,j+2,'W'))   (* zum Schluß Richtung Osten.  *)
  THEN
    Write (Dir); (* Weg gefunden:also die Richtung ausgeben,*)
    RETURN TRUE  (* die man bei DIESEM Schritt wählen muß.   *)
  ELSE
    RETURN FALSE (* Sackgasse... *)
  END (* IF *)
END Loesung;
```

Diese Prozedur muß also mit den Koordinaten des *Zielpunktes* aufgerufen werden;
der Parameter *Dir* ist beim Aufruf ohne Bedeutung:

```
LoesungGefunden := Loesung(19, 19, ' ');
```

Lösung 2–40

Beispiel:

```
TYPE FahrzeugTyp = (Pkw, Lkw, Motorrad);
     Fahrzeug    = RECORD
                      Modell   : ARRAY[0..20] OF CHAR;
                      Hersteller: ARRAY[0..20] OF CHAR;
```

```
                        Preis      : CARDINAL;
                        CASE Typ: FahrzeugTyp OF
                        | Pkw:       Klasse : (Coupe, Kombi,
                                               Limousine,
                                               Oldtimer);
                                     Sitzplaetze : CARDINAL;
                        | Lkw:       MaxZuladung : REAL;
                                     Achsen      : CARDINAL;
                                     UnterSiebenKommaFuenf:BOOLEAN;
                        | Motorrad:PS        : CARDINAL;
                                     Hubraum : CARDINAL;
                                     Zylinder: CARDINAL;
                        END (* CASE *);
                      END (* RECORD *);

          VAR Kfz: Fahrzeug;

          BEGIN
            WITH Kfz DO
              Modell       := "Manta";
              Hersteller   := "Opel";
              Preis        := 4711; (* gebraucht... *)
              Typ          := Pkw;
              Klasse       := Coupe;
              Sitzplaetze := 5;
            END (* WITH *);
          END ...;
```

Lösung 2–42

Eine mögliche Implementierung der Datenstruktur ist die folgende:

```
TYPE
  FarbTyp     = (rot, blau, gruen, schwarz, weiss, gelb);
  PatternTyp = (keins, leichtgrau, grau, dunkelgrau, schwarz);
  Punkt     = RECORD
                  x,y : INTEGER;
              END;
  ObjektTyp =
    (dreieck, rechteck, kreis, ellipse, punkt, linie, text);
  Objekt   = RECORD
                  Farbe:    FarbTyp;
                  Pattern: PatternTyp;
                  CASE OTyp: ObjektTyp OF
                     dreieck:   eckeA,
                                eckeB,
                                eckeC: Punkt;
                  | rechteck:  linksoben,
                                rechtsunten: Punkt;
                       (* linksoben     = linke obere Ecke
                          rechtsunten = rechte untere Ecke *)
                  | kreis    :  zentrum: Punkt;
                                radius : REAL;
```

```
            | ellipse : focus1, focus2 : Punkt;
                         a : REAL;
                  (* focus1, focus2 = 2 Brennpunkte,
                               2a = grosse Achse *)
            | punkt    : p : Punkt;
            | linie    : anfang, ende : Punkt;
            | text     : links  : Punkt;
                         string : ARRAY [0..MaxString]
                                  OF CHAR;
                  (* links = Bildschirmposition, wo
                            die Zeichenkette beginnt
                     string = Inhalt des Textes *)
      END;
    END;
```

Lösung 2–43

So sieht die erzeugte Datenstruktur aus:

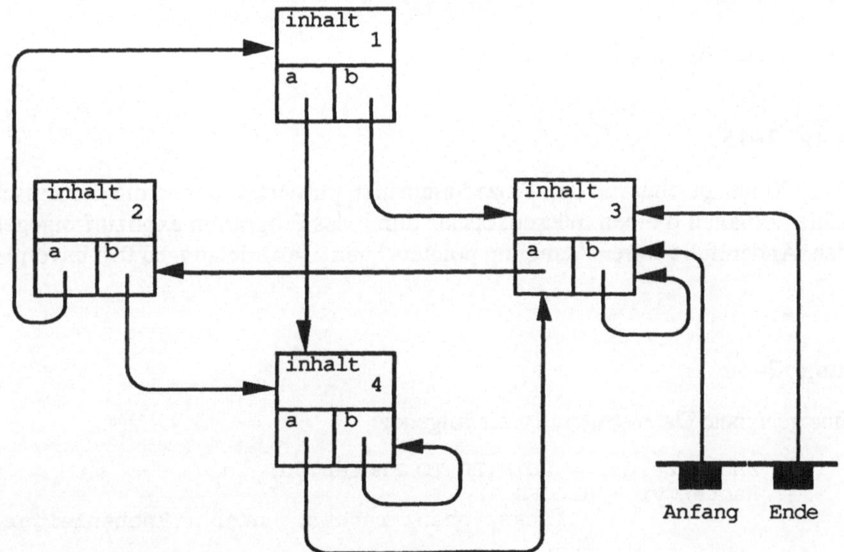

Abb. 2.18   Zeigerstruktur

Lösung 2–44

a) Folgende Deklarationen werden benötigt:

```
TYPE Zeiger  = POINTER TO Element;
     Element = RECORD
                  Z1, Z2 : Zeiger;
                  Info   : CHAR;
               END (* RECORD *);
     VAR Anfang : Zeiger;
```

b) Diese Anweisungen bauen die Struktur auf:

```
ALLOCATE(Anfang,SIZE(Element));
Anfang^.Info := "A";

ALLOCATE(Anfang^.Z1, SIZE(Element));
Anfang^.Z1^.Info := "B";

ALLOCATE(Anfang^.Z1^.Z1,SIZE(Element));
Anfang^.Z1^.Z1^.Info := "C";

ALLOCATE(Anfang^.Z1^.Z1^.Z1,SIZE(Element));
Anfang^.Z1^.Z1^.Z1^.Info := "D";

Anfang^.Z2 := Anfang^.Z1^.Z1;
Anfang^.Z2^.Z2 := Anfang^.Z2;
Anfang^.Z1^.Z2 := Anfang^.Z1^.Z1^.Z1;
Anfang^.Z1^.Z2^.Z1 := NIL;
Anfang^.Z1^.Z2^.Z2 := Anfang;
```

c) Die erzeugte Ausgabe ist "ADDCB".

Lösung 2–45

Weil der Kellerspeicher mit den Prozeduraufrufen pulsiert, während die dynamischen
Variablen erhalten bleiben müssen, bis sie durch das Programm explizit freigegeben
werden. Andernfalls wären "dangling pointers" und Typverletzungen fast unvermeid-
lich.

Lösung 2–46

a) Eine geeignete Datenstruktur ist die folgende:

```
TYPE KnotenZeiger = POINTER TO KnotenTyp;
     KnotenTyp = RECORD
                     links, oben, rechts, unten : KnotenZeiger;
                 END;
```

b) Wir müssen die Datenstruktur um eine Komponente ergänzen, in der die rekursive
   Prozedur eintragen kann, daß dieser Knoten bereits gezählt wurde. Anderenfalls
   würden (wegen der Zyklen im Graph) Knoten mehrfach gezählt werden, und die
   Rekursion bräche nie ab.

```
TYPE KnotenZeiger = POINTER TO KnotenTyp;
     KnotenTyp = RECORD
                     links, oben, rechts, unten : KnotenZeiger;
                     besucht : BOOLEAN;
                 END;
```

```
PROCEDURE KnotenZahl (Knoten: KnotenZeiger): CARDINAL;
BEGIN
  IF (Knoten # NIL) AND NOT Knoten^.besucht THEN
    WITH Knoten^ DO
      besucht:= TRUE;
      RETURN 1 + KnotenZahl(links)
               + KnotenZahl(oben)
               + KnotenZahl(rechts)
               + KnotenZahl(unten)
    END (* WITH *)
  ELSE
    RETURN 0
  END (* IF *)
END KnotenZahl;
```

c) Das Problem beim Einfügen eines Knotens: es kann passieren, daß der neue
Knoten weitere Nachbarn im Graph hat, mit denen er verbunden werden muß.

Eine mögliche Lösung: Wir starten nach dem Einfügen des Knotens eine rekursive
Prozedur *TesteKnoten*, die den Graphen ähnlich wie *KnotenZahl* durchläuft und
sich dabei die aktuelle Position relativ zum neuen Knoten merkt. Stößt sie auf
einen Nachbarn des neuen Knotens, stellt sie die fehlende Verbindung her. Damit
die Rekursion abbricht, setzen wir auch hier jeweils das *Besucht*-Feld in dem
Knoten.

(Natürlich brauchen wir nun auch eine Prozedur *KnotenZurueck*, die sämtliche
Besucht-Felder wieder zurücksetzt. Der Algorithmus läuft ganz analog zu den
anderen Prozeduren.)

Die Implementierung sieht damit folgendermaßen aus:

```
TYPE RichtungsTyp = (Links, Oben, Rechts, Unten);

PROCEDURE ErzeugeKnoten (AltKnoten: KnotenZeiger;
                         Richtung : RichtungsTyp ):
                                              KnotenZeiger;
(* trägt einen neuen Knoten in angegebener
   Richtung relativ zu AltKnoten ein           *)

PROCEDURE TesteKnoten( NeuKnoten,
                       Knoten     : KnotenZeiger;
                       relx,rely : INTEGER );
(* sucht rekursiv nach Nachbarn von NeuKnoten
   und verbindet diese mit ihm *)
BEGIN
  IF (Knoten # NIL) AND NOT Knoten^.besucht THEN
    WITH Knoten^ DO
      besucht := TRUE;
      (* Test, ob Knoten Nachbar von NeuKnoten, *)
      (* wenn ja, werden sie verbunden.          *)

      IF ABS(relx) + ABS(rely) = 1 THEN
```

```modula2
              CASE relx + 2*rely OF
                    (* ... ergibt eine eindeutige Zahl *)
                    (* fuer jede der vier Richtungen.  *)
              | -1: rechts              := NeuKnoten;
                    NeuKnoten^.links    := Knoten;
              | +1: links               := NeuKnoten;
                    NeuKnoten^.rechts   := Knoten;
              | +2: unten               := NeuKnoten;
                    NeuKnoten^.oben     := Knoten;
              | -2: oben                := NeuKnoten;
                    NeuKnoten^.unten    := Knoten;
              END (* CASE *);
          END (* IF *);
          (* und jetzt rekursiv weiter: *)
          TesteKnoten (NeuKnoten, links, relx-1,rely);
          TesteKnoten (NeuKnoten, oben,  relx,rely+1);
          TesteKnoten (NeuKnoten, rechts,relx+1,rely);
          TesteKnoten (NeuKnoten, unten, relx,rely-1);
        END (* WITH *);
    END (* IF *);
  END TesteKnoten;


  VAR NeuKnoten : KnotenZeiger;

BEGIN (* ErzeugeKnoten *)
  (* Neuen Knoten erzeugen: *)
  ALLOCATE (NeuKnoten, SIZE(KnotenTyp));
  WITH NeuKnoten^ DO
    links:=NIL; oben:=NIL; rechts:=NIL; unten:=NIL;
    besucht := TRUE;
  END (* WITH *);
  (* Jetzt wird TesteKnoten aufgerufen um, beginnend *)
  (* bei AltKnoten, fehlende Verbindungen zu und von *)
  (* NeuKnoten einzutragen:                          *)
  CASE Richtung OF
  | Links : TesteKnoten (NeuKnoten, AltKnoten, +1,0);
  | Oben  : TesteKnoten (NeuKnoten, AltKnoten, 0,-1);
  | Rechts: TesteKnoten (NeuKnoten, AltKnoten, -1,0);
  | Unten : TesteKnoten (NeuKnoten, AltKnoten, 0,+1);
  END (* CASE *);
  RETURN NeuKnoten;
END ErzeugeKnoten;


PROCEDURE KnotenZurueck (Knoten: KnotenZeiger);
(* setzt das besucht-Feld aller Knoten auf FALSE *)
BEGIN
  IF (Knoten#NIL) AND Knoten^.besucht THEN
    WITH Knoten^ DO
      besucht := FALSE;
      KnotenZurueck(links);
      KnotenZurueck(oben);
      KnotenZurueck(rechts);
      KnotenZurueck(unten);
    END (* WITH *);
  END (* IF *);
END KnotenZurueck;
```

TesteKnoten durchläuft hier stets den ganzen Graphen. Ist dieser sehr groß, dann kann es sinnvoll sein, auf der Suche nach eventuellen Nachbarn nur den neuen Knoten zu umlaufen (nach Art einer Labyrinth–Suche).

Der Aufbau eines konkreten Graphen läuft folgendermaßen ab: Zuerst wird ein beliebiger Knoten erzeugt (ggf. muß dafür noch eine weitere Prozedur geschrieben werden, *ErzeugeKnoten* kann man ja noch nicht verwenden). Relativ zu diesem ersten Knoten wird der zweite mit *ErzeugeKnoten* angefügt, dann kann man entweder den ersten oder den zweiten als *AltKnoten* für den dritten Knoten benutzen, usw.

Ein sinnvoller Test der hier vorgestellten Prozeduren erfordert natürlich noch manche Ergänzungen. Zum Beispiel benötigt man ein Schlüsselfeld in jedem Knoten zur eindeutigen Identifikation, Anweisungen innerhalb der Prozeduren, die protokollieren, was jeweils gemacht wird und eine angemessene Darstellung des aktuellen Graphen. Alle diese Dinge hier anzugeben, würde zu weit führen. Auf der Diskette zum Buch ist der hier abgedruckte Code zu einem ausführlichen, interaktiven Testrahmen ergänzt.

Lösung 2–47

a) Eine mögliche Realisierung von *Wende* sieht so aus:

```
PROCEDURE Wende (VAR Anfang: Zeiger);
(* Prinzip: Elemente  v o r  die neue Kette haengen *)

  VAR Hilf, Rest: Zeiger;
  (* Hilf zeigt auf das gerade bearbeitete Element,
     Rest auf den unbearbeiteten Teil der alten Kette *)

BEGIN
  Hilf := Anfang; Anfang := NIL;
  WHILE Hilf # NIL DO
    Rest := Hilf^.Next; (* In Rest wird der Rest der alten *)
                        (* Kette abgespeichert.           *)
    Hilf^.Next := Anfang; (* Die neue Kette wird an das    *)
                          (* aktuelle Element angehaengt.  *)
    Anfang := Hilf;       (* Das aktuelle Element wird zum *)
                          (* neuen Anfang.                 *)
    Hilf := Rest;         (* Das erste Element der Restliste *)
                          (* wird zum naechsten aktuellen   *)
                          (* Element.                       *)
  END (* WHILE *);
END Wende;
```

Versuchen Sie auch eine rekursive Lösung!

b) Nein, denn dann kann Anfang nach Aufruf nicht auf ein anderes Element als vorher zeigen, d.h. *Wende* funktioniert nur noch, wenn die Kette höchstens 1 Element hat.

Lösung 2–48

```
MODULE UnformEA;

    FROM InOut IMPORT WriteCard, WriteString, WriteLn, Read;
    FROM SYSTEM IMPORT BYTE, VAL;
    FROM FileSystem IMPORT File, Response, Lookup, Close,
                           Delete, SetPos, ReadChar,
                           WriteChar, ReadWord, WriteWord;
    CONST TempName = "TMP";

    PROCEDURE SchreibeInDatei (Daten: ARRAY OF BYTE;
                               VAR OK: BOOLEAN);
        VAR i : INTEGER;
            f : File;
    BEGIN
      (* Datei anlegen und öffnen: *)
      Lookup(f, TempName, TRUE);

      (* Kein Fehler passiert? *)
      OK := (f.res = done);
      IF OK THEN
        (* Daten schreiben: *)
        FOR i := 0 TO HIGH (Daten) DO
          WriteChar (f, VAL (CHAR, Daten [i]));
        END (* FOR *);
        Close(f);
        OK := (f.res = done);
      END (* IF *);
    END SchreibeInDatei;

    PROCEDURE LiesAusDatei (VAR Daten: ARRAY OF BYTE;
                            VAR OK: BOOLEAN);
        VAR i : INTEGER; Zeichen : CHAR;
            f : File;
    BEGIN
      (* Datei zum Lesen öffnen: *)
      Lookup(f, TempName, FALSE);

      (* Hat's geklappt? *)
      OK := (f.res = done);
      IF OK THEN
        (* Daten lesen: *)
        i := 0;
        REPEAT
          ReadChar(f, Zeichen); Daten[i] := Zeichen; INC(i);
        UNTIL (i>HIGH(Daten)) OR f.eof; (* bis Daten voll oder
                                     File zuende. *)
```

```
        Close(f);
        Delete(f);
      END (* IF *);
    END LiesAusDatei;

    TYPE TestType = RECORD
                      Name:          ARRAY[1..20] OF CHAR;
                      KontoNummer: CARDINAL;
                    END (* RECORD *);


    VAR T  : TestType;
        OK : BOOLEAN;

  BEGIN (* UnformEA, Hauptprogramm *)

    T.Name          := "Alfred E. Neumann    ";
    T.KontoNummer := 42;

    SchreibeInDatei( T, OK );
    IF NOT OK THEN
      WriteString("Write-Fehler!"); WriteLn;
    END (* IF *);

    T.Name          := "xxxxxxxxxxxxxxxxxxxx";
    T.KontoNummer := 0;

    LiesAusDatei( T, OK );
    IF NOT OK THEN
      WriteString("Read-Fehler!"); WriteLn;
    END (* IF *);

    WriteString(T.Name); WriteLn;
    WriteCard(T.KontoNummer,5); WriteLn;

  END UnformEA.
```

Lösung 2–49

Auch diese Lösung ist stark maschinenabhängig.

a) Das Programm *ErzeugeDatei* erzeugt die "Datenbasis".

```
MODULE ErzeugeDatei;

  FROM InOut IMPORT OpenOutput, CloseOutput,
                    WriteCard, WriteLn, WriteString;

  CONST DateiGroesse = 1000;
                (* muß der Konstanten im Modul *)
                (* Hintergrund entsprechen     *)

  VAR i     : CARDINAL;
```

```
BEGIN
  WriteString("Erzeuge Datei mit ");
  WriteCard(DateiGroesse,4); WriteString(" Cardinals...");
  WriteLn;

  OpenOutput("");  (* MacMETH-Prozedur, fragt den Benutzer *)
                   (* interaktiv nach dem Filenamen und    *)
                   (* leitet dann die Standard-Ausgabe auf *)
                   (* diese Datei um.                       *)

  FOR i := 1 TO DateiGroesse DO
    WriteCard(i*2,4); WriteLn;
  END (* FOR *);

  CloseOutput;  (* Jetzt ist die Standard-Ausgabe wieder   *)
                (* ans Terminal angeschlossen.             *)

  WriteString("fertig."); WriteLn;
END ErzeugeDatei.
```

b) Das folgende Modul *Hintergrund* greift auf die unter (a) erstellte Datei zu. Es werden Prozeduren aus dem MacMETH–Modul *FileSystem* verwendet. Da es dort aber keine Prozedur zum Lesen von CARDINAL–Zahlen aus Files gibt, mußte diese noch eigens implementiert werden.

Man beachte, wie die Prozedur *DateiElement* den Zugriff auf die Datei vor dem Hauptprogramm verbirgt. Nur an der Wartezeit kann dieses erkennen, ob die angeforderte Zahl bereits im Hauptspeicher war oder nicht. Ein solches Verbergen von unwichtigen Details vor anderen Programmteilen ist ein wichtiges Mittel, um die Komplexität großer Programme in überschaubaren Grenzen zu halten.

Die Prozedur *DateiElement* behandelt die Datei recht einfach und unkompliziert: Nach jedem Füllen des Puffers wird sie wieder geschlossen und vor jedem Lesen neu geöffnet. Zu Beginn des Lesens werden diejenigen Werte, die nicht in den Puffer sollen, übersprungen. Man könnte natürlich auch die Datei immer geöffnet lassen und vor einem Zugriff jeweils entscheiden, ob wirklich wieder von Anfang an gelesen werden muß oder ob vielleicht an der aktuellen Position weitergemacht werden kann.

```
MODULE Hintergrund;

  FROM InOut IMPORT WriteString, WriteLn, WriteCard,
                    ReadInt, WriteInt;

  FROM FileSystem IMPORT
                  (* TYPE *) File,
                  (* PROC *) Lookup, Close, ReadChar;
```

```
CONST DateiGroesse = 1000; (* muss der Konstanten im Modul *)
                          (* ErzeugeDatei entsprechen     *)

      PufferGroesse = DateiGroesse DIV 10;

VAR   Datei      : File; (* die CARDINAL-Datei *)

      Puffer     : ARRAY [1..PufferGroesse] OF CARDINAL;
                   (* hier wird der aktuelle Datei- *)
                   (* ausschnitt gespeichert        *)

      PufferPos : INTEGER;
                  (* gibt an, das wievielte Dateielement *)
                  (* Puffer[1] gerade enthält            *)


PROCEDURE ReadCard(VAR f: File; VAR z: CARDINAL);
  (* liest eine Cardinal-Zahl aus einem File. Diese   *)
  (* Prozedur gibt es nicht in MacMETH's File-System. *)
  VAR ch: CHAR;
BEGIN
  (* Alle Nicht-Ziffern ueberlesen: *)
  REPEAT
    ReadChar(f,ch);
  UNTIL (('0'<=ch) AND (ch<='9')) OR f.eof;

  IF f.eof THEN RETURN END;

  z := 0;
  REPEAT
    z := (z*10) + ORD(ch) - 48;
    ReadChar(f,ch);
  UNTIL (ch<'0') OR (ch>'9');

END ReadCard;

PROCEDURE Initialisierung();
  (* öffnet die Datei und initialisiert *)
  (* den Puffer und alle Variablen      *)
  VAR i:CARDINAL;
BEGIN
  Lookup(Datei,"DATA",FALSE);

  (* Besetze den Puffer mit den ersten Elementen *)
  FOR i := 1 TO PufferGroesse DO
    ReadCard(Datei,Puffer[i]);
  END (* FOR *);

  PufferPos := 1;

  Close(Datei);
END Initialisierung;
```

```modula2
      PROCEDURE DateiElement(i: INTEGER ): CARDINAL;
        (* liefert das i-te Dateielement *)
        VAR j     : INTEGER;
            Dummy : CARDINAL;
      BEGIN
        IF(PufferPos<=i) AND (i<=(PufferPos+PufferGroesse-1)) THEN
          (* das gewünschte Element ist schon im Puffer *)
          RETURN Puffer[i-PufferPos+1]
        ELSE
          (* es muß nachgeladen werden *)

          WriteString("(Dateizugriff) "); (* zur Kontrolle *)

          (* Neuen Pufferanfang setzen: *)
          PufferPos := i-(PufferGroesse DIV 2)+1;
          IF PufferPos < 1 THEN
            PufferPos := 1;
          ELSIF (PufferPos+PufferGroesse-1) > DateiGroesse THEN
            PufferPos := DateiGroesse - PufferGroesse + 1;
          END (* IF *);

          Lookup(Datei,"DATA",FALSE);

          (* Elemente bis zum neuen Pufferanfang überlesen: *)
          FOR j := 1 TO PufferPos-1 DO
            ReadCard(Datei,Dummy);
          END (* FOR *);

          (* Jetzt den Puffer füllen: *)
          FOR j := 1 TO PufferGroesse DO
            ReadCard(Datei,Puffer[j]);
          END (* FOR *);

          Close(Datei);

          (* ...und schließlich das Element zurückgeben: *)
          RETURN Puffer[i-PufferPos+1]
        END (* IF *);
      END DateiElement;

    VAR i: INTEGER;

  BEGIN (* Hintergrund *)
    WriteString("Verwaltung eines Hintergrundspeichers.");
    WriteLn; WriteLn;
    Initialisierung;

    LOOP
      WriteString("Gewünschtes Dateielement (0=Ende): ");
      ReadInt(i); WriteLn;
      IF i=0 THEN EXIT END;
      WriteInt(i,4); WriteString(". Element: ");
      WriteCard(DateiElement(i),4); WriteLn; WriteLn;
    END (* LOOP *);

END Hintergrund.
```

Lösung 2–50

Die strenge Typbindung kann an zwei Stellen umgangen werden: Bei Records mit Varianten (2.4.3.2) und bei unformatierter Ein–/Ausgabe (2.4.5.3).

Lösung 3–1

"Information hiding" bezeichnet den Ansatz, die Details einer Problemlösung (z.B. eines Algorithmus oder eines Datentyps) vor der Außenwelt zu verbergen und die Nutzung nur über eigens angebotene Schnittstellen zu erlauben.

Das trägt erstens zur *Korrektheit* von Programmen bei, weil der Übersetzer nun die richtige Verwendung erzwingt; zweitens werden *Lesbarkeit* und *Wartbarkeit* erhöht, denn spätere Änderungen an den verborgenen Details bleiben für die Außenwelt unsichtbar und können dort keine Probleme bewirken.

Lösung 3–3

a) Die Übersetzungsreihenfolge lautet: R I G H T D O N E

b) Nein. Begründung: Importiert wird nur aus Definitionsmodulen. Deshalb stehen alle Objekte, die importiert werden können, nach der Übersetzung sämtlicher Definitionsmodule zur Verfügung. Die Übersetzungsreihenfolge für die Implementationsmodule ist dann beliebig!

c) Nein, denn N importiert aus O, daher muß O vor N übersetzt werden. Importierte zusätzlich O aus N, müßte N vor O übersetzt werden. Und wie übersetzt man N vor O, wobei O vor N übersetzt wird???

   Schlußfolgerung: Betrachtet man die Importstruktur der *Definitionsmodule* als gerichteten Graphen, muß dieser zyklenfrei sein (vgl. Skriptum, Kapitel 6.2). Das gilt *nicht* für die Importe der Implementationsmodule.

Lösung 3–4

```
DEFINITION MODULE ZufallsModul;

   PROCEDURE ZufallsZahl(): CARDINAL;
   (* Zufallszahlengenerator nach Nievergelt *)
   (* liefert Zahlen im Bereich 0 bis 2047   *)

END ZufallsModul.
```

```
      IMPLEMENTATION MODULE ZufallsModul;
      (* Zufallszahlengenerator nach Nievergelt *)
        VAR LetzterWert: CARDINAL;

        PROCEDURE ZufallsZahl (): CARDINAL;
        (* liefert Zahlen im Bereich 0 bis 2047.            *)
        (* Achtung, verwendet und verändert LetzterWert. *)
        BEGIN
          LetzterWert := (125 * LetzterWert) MOD 8192;
          RETURN LetzterWert DIV 4
        END ZufallsZahl;

      BEGIN (* ZufallsModul *)
        LetzterWert := 1; (* Initialisierung des Generators. Ein-
                            fache Lösung, liefert bei jedem Pro-
                            grammlauf dieselben Zufallszahlen.
                            Andere Möglichkeit: Sekundenzahl der
                            Systemuhr, etc.*)
      END ZufallsModul.


      MODULE ZufallsTest;
        FROM InOut IMPORT WriteCard,
                          WriteString, WriteLn;
        FROM ZufallsModul IMPORT ZufallsZahl;

        VAR K : CARDINAL;

      BEGIN
        FOR K := 0 TO 99 DO
          WriteCard (K, 2); WriteString (' ');
          WriteCard (ZufallsZahl(), 6); WriteLn;
        END (* FOR *);
      END ZufallsTest.
```

Lösung 3–6

a) Der abstrakte Datentyp wird durch das folgende Definitionsmodul bekanntge-
   macht. Er besteht aus den Operationen zur Initialisierung, zum Eintragen eines
   Ergebnisses, zur Durchschnittsberechnung und zum Löschen eines Datensatzes
   (diese Funktion war im Programmausschnitt nicht gegeben, sollte aber zu jedem
   ADT dazugehören). Über die zugrundeliegende Datenstruktur verrät das Definitionsmodul jedoch nichts.

```
      DEFINITION MODULE Ergebnisse;

        TYPE ErgebnisTyp; (* ADT *)

        CONST NamenLaenge  = 20;
              MaxErgebnisse = 10;
```

```
PROCEDURE Initialisiere
                (VAR Erg : ErgebnisTyp;
                 Name    : ARRAY OF CHAR);
  (* erzeugt ein neues, leeres Objekt vom      *)
  (* Typ ErgebnisTyp und initialisiert Name.   *)

PROCEDURE Loesche (VAR Erg: ErgebnisTyp);
  (* löscht das übergebene Objekt               *)

PROCEDURE ErgebnisEintragen (VAR Erg : ErgebnisTyp;
                             Ergebnis: CARDINAL);
  (* trägt ein weiteres Ergebnis in Erg ein    *)
  (* Falls Erg bereits MaxErgebnisse enthält,  *)
  (* wird nichts getan und eine Fehlermeldung  *)
  (* auf die Standardausgabe geschrieben.      *)

PROCEDURE Durchschnitt (Erg: ErgebnisTyp): REAL;
  (* liefert das arithmetische Mittel aller    *)
  (* in Erg eingetragenen Ergebnisse.          *)

END Ergebnisse.
```

b)

```
IMPLEMENTATION MODULE Ergebnisse;

FROM InOut    IMPORT WriteString, WriteLn;
FROM Storage IMPORT ALLOCATE, DEALLOCATE;

TYPE
  TRec = RECORD
            Name         :ARRAY [1..NamenLaenge] OF CHAR;
            Ergebnisse :ARRAY [1..MaxErgebnisse] OF CARDINAL;
            ZahlErgebnisse: CARDINAL;
         END;
  ErgebnisTyp    = POINTER TO TRec;


PROCEDURE Initialisiere
                (VAR Erg : ErgebnisTyp;
                 Name: ARRAY OF CHAR);
  VAR i : CARDINAL;
BEGIN
  ALLOCATE(Erg,SIZE(TRec));
  (* Name kopieren, ggf. mit CHR(0) abschliessen
     oder kommentarlos abschneiden, falls zu lang *)
  i := 1;
  WHILE (i<=HIGH(Name)) AND (i<=NamenLaenge) DO
    Erg^.Name[i] := Name[i];
    IF (i=HIGH(Name)) AND (i<NamenLaenge) THEN
      Erg^.Name[i+1] := CHR(0);
    END (* IF *);
    INC(i);
  END (* FOR *);
  Erg^.ZahlErgebnisse := 0;
END Initialisiere;
```

```
PROCEDURE Loesche (VAR Erg: ErgebnisTyp);
BEGIN DEALLOCATE(Erg,SIZE(TRec)); Erg := NIL; END Loesche;

PROCEDURE ErgebnisEintragen (VAR Erg : ErgebnisTyp;
                                 Ergebnis: CARDINAL );
BEGIN
  WITH Erg^ DO
    IF ZahlErgebnisse < MaxErgebnisse THEN
      INC(ZahlErgebnisse);
      Ergebnisse[ZahlErgebnisse] := Ergebnis;
    ELSE
      WriteString("Error");
      WriteLn;
    END (* IF *);
  END (* WITH *);
END ErgebnisEintragen;

PROCEDURE Durchschnitt (Erg: ErgebnisTyp): REAL;
  VAR i, Summe : CARDINAL;
BEGIN
  WITH Erg^ DO
    Summe := 0;
    FOR i := 1 TO ZahlErgebnisse DO
      Summe := Summe + Ergebnisse[i];
    END (* FOR *);
  END (* WITH *);
  RETURN FLOAT(Summe) / FLOAT(Erg^.ZahlErgebnisse)
END Durchschnitt;

END Ergebnisse.
```

c) Die Angaben im Hauptprogramm müssen nun so aussehen:

```
...
FROM Ergebnisse IMPORT (* TYPE *) ErgebnisTyp,
                       (* PROC *) Initialisiere,
                                  Loesche,
                                  ErgebnisEintragen,
                                  Durchschnitt;
...
VAR x, y, z : ErgebnisTyp;
...
Initialisiere(x,"A.Mueller             ");
...
ErgebnisEintragen(x,Ergebnis1);
...
WriteReal(Durchschnitt(x),8);
...
```

Man sieht, daß damit das Hauptprogramm weit kürzer und übersichtlicher gewor-
den ist, weil alle Details der Berechnung im ADT–Modul verborgen sind.

Lösung 3–7

a) In der hier gezeigten Lösung werden die Vektoren durch einfach verkettete Listen
dargestellt. Die Liste enthält nur die Werte des Vektors, die ungleich null sind. In
jedem Element muß deshalb außer dem Wert auch der jeweilige Index gespeichert
werden. Dadurch geht natürlich die Information über die Dimension eines Vektors
unter Umständen verloren, was wir hier aber zur Vereinfachung nicht weiter
beachten wollen.

Die Prozeduren zur Verarbeitung der Vektoren lassen sich am elegantesten
rekursiv programmieren, wie grundsätzlich bei jeder Art von Listenverarbeitung.
Schwierig ist vor allem die Prozedur *Add*, da hier wechselseitig in zwei Listen
vorwärtsgerückt und dabei noch eine dritte Liste aufgebaut werden muß. Die hier
gewählte Lösung ist recht effizient, was durch einen Mangel an Übersichtlichkeit
und Verständlichkeit erkauft werden muß. Alternative: Verwendung der anderen
Prozeduren des Moduls (*Inhalt*, *Setze*, ...).

```
DEFINITION MODULE VektorADT;

   TYPE Vektor;
   PROCEDURE Neu      (VAR V: Vektor);
   PROCEDURE Setze    (VAR V: Vektor; Ind: CARDINAL;Wert: REAL);
   PROCEDURE Inhalt (    V: Vektor; Ind: CARDINAL): REAL;
   PROCEDURE Add      (V1, V2: Vektor; VAR V3: Vektor);
   PROCEDURE Loesche(VAR V: Vektor);

END VektorADT.


IMPLEMENTATION MODULE VektorADT;

   FROM STORAGE IMPORT ALLOCATE, DEALLOCATE;

   TYPE Vektor  = POINTER TO Element;
        Element = RECORD
                    Index : CARDINAL;
                    Inhalt: REAL;
                    Next  : Vektor;
                  END (* RECORD *);

   PROCEDURE Neu (VAR V: Vektor);
   BEGIN
     V := NIL
   END Neu;
```

```
    PROCEDURE Setze (VAR V: Vektor; Ind: CARDINAL; Wert: REAL);
      VAR Hilf : Vektor;
    BEGIN
      IF (V=NIL) OR (V^.Index > Ind) THEN
        Hilf := V;
        ALLOCATE(V,SIZE(Element));
        V^.Index  := Ind;
        V^.Inhalt := Wert;
        V^.Next   := Hilf;
      ELSIF (V#NIL) AND (V^.Index = Ind) THEN
        V^.Inhalt := Wert;
      ELSE
        Setze(V^.Next,Ind,Wert);
      END (* IF *);
    END Setze;

    PROCEDURE Inhalt ( V: Vektor; Ind: CARDINAL): REAL;
      VAR Hilf : Vektor;
    BEGIN
      IF (V=NIL) OR (V^.Index > Ind) THEN
        RETURN 0.0
      ELSIF V^.Index = Ind THEN
        RETURN V^.Inhalt
      ELSE
        RETURN Inhalt( V^.Next, Ind )
      END (* IF *)
    END Inhalt;

    PROCEDURE Add (V1, V2: Vektor; VAR V3: Vektor);
    BEGIN
      IF (V1#NIL) AND
         ((V2=NIL) OR (V1^.Index < V2^.Index)) THEN
        ALLOCATE(V3,SIZE(Element));
        V3^.Index  := V1^.Index;
        V3^.Inhalt := V1^.Inhalt;
        Add(V1^.Next, V2, V3^.Next);
      ELSIF (V1#NIL) AND (V2#NIL) AND
            (V1^.Index = V2^.Index) THEN
        ALLOCATE(V3,SIZE(Element));
        V3^.Index  := V1^.Index;
        V3^.Inhalt := V1^.Inhalt + V2^.Inhalt;
        Add(V1^.Next, V2^.Next, V3^.Next);
      ELSIF (V2#NIL) AND
            ((V1=NIL) OR (V1^.Index > V2^.Index)) THEN
        ALLOCATE(V3,SIZE(Element));
        V3^.Index  := V2^.Index;
        V3^.Inhalt := V2^.Inhalt;
        Add(V1, V2^.Next, V3^.Next);
      ELSE
        V3 := NIL;
      END (* IF *);
    END Add;

    PROCEDURE Loesche ( VAR V : Vektor );
    BEGIN
      IF V # NIL THEN
```

```modula2
        Loesche(V^.Next);
        DEALLOCATE(V,SIZE(Element));
        V := NIL;
      ELSE
        (* nichts *)
      END (* IF *)
    END Loesche;

END VektorADT.
```

b)

```modula2
MODULE VektorenTest;

  FROM VektorADT IMPORT (* TYPE  *) Vektor,
                        (* PROCS *) Neu,Setze,Inhalt,
                                    Loesche,Add;
  FROM InOut      IMPORT WriteString,WriteReal,WriteCard,
                         ReadCard,ReadReal,WriteLn;


  VAR V1, V2, V3 : Vektor;

  PROCEDURE WriteVektoren();
    VAR i : CARDINAL;
  BEGIN
    WriteString("        V1    + V2   = V3    ");
    WriteLn; WriteLn;
    FOR i := 1 TO 10 DO
      WriteCard(i,2); WriteString(" - ");
      WriteReal(Inhalt(V1,i),8);
      WriteReal(Inhalt(V2,i),8);
      WriteReal(Inhalt(V3,i),8);
      WriteLn;
    END (* FOR *);
    WriteLn;
  END WriteVektoren;

  VAR z,i : CARDINAL;
      v   : REAL;

BEGIN (* VektorenTest *)
  Neu(V1); Neu(V2); Neu(V3);

  WriteString("Test des Moduls VektorADT."); WriteLn;

  LOOP
    WriteVektoren;
    WriteString("Vektor setzen (1=V1, 2=V2, 0=EXIT): ");
    ReadCard(z); WriteLn;
    IF z = 0 THEN EXIT END;
    WriteString("Index: "); ReadCard(i); WriteLn;
    WriteString("Wert: ");  ReadReal(v); WriteLn;

    CASE z OF
    | 1: Setze(V1,i,v);
    | 2: Setze(V2,i,v);
      ELSE (* nichts *);
```

```
      END  (* CASE *);

      Loesche(V3);
      Add(V1,V2,V3);
      WriteLn;
    END  (* LOOP *);

  END VektorenTest.
```

Lösung 3–8

Eine Datenkapsel ist dann sinnvoll, wenn nur ein einziges Objekt mit der jeweiligen Datenstruktur (oder eine konstante Anzahl davon) benötigt wird. Werden unbestimmt viele Objekte gebraucht oder sollen die Objekte in andere Datenstrukturen eingebaut werden, ist ein ADT die richtige Lösung.

Allgemein gilt, daß Datenkapseln robuster und leichter zu handhaben sind, da zum Beispiel keine Initialisierungs– und Löschoperationen nach außen gegeben werden müssen. ADTs können durch die fälschliche Verwendung von Wertzuweisung und Vergleich mißbraucht werden. Wann immer es die Anwendung erlaubt, sollte man daher versuchen, sich auf Kapseln zu beschränken.

Lösung 4–1

a) $F [;] (z) = z$ für alle $z \in Z_p$

b) $F [x := x + 1] (z) = z <x \leftarrow z(x) + 1>$ für alle $z \in Z_p$

c) $F [IF\ y = 0\ THEN\ r := t - 1\ ELSE\ r := t * t\ END] (z)$

$$= \begin{cases} F [r := t - 1] (z), \text{ falls } z(y) = 0 \\ F [r := t * t] (z), \text{ falls } z(y) \neq 0 \end{cases} \quad \text{für alle } z \in Z_p$$

$$= \begin{cases} z <r \leftarrow z(t) - 1>, & \text{falls } z(y) = 0 \\ z <r \leftarrow z(t)^2>, & \text{falls } z(y) \neq 0 \end{cases} \quad \text{für alle } z \in Z_p$$

Lösung 4–2

Es muß lediglich die Übergangsfunktion τ erweitert werden. Die Tabelle wird folgendermaßen ergänzt:

alte Anweisungsfolge	alter Zustand	neuer Zustand	verbleibende Anweisungsfolge
...	...	...	...

repeat a_1
until b = 0; a_2
	z	z	a_1;
			while b $\neq$ 0 do
			$\quad a_1$
			end;
			a_2

Lösung 4–3

Um Schreibarbeit zu sparen, vereinbaren wir folgende Abkürzungen für Programmteile von P:

```
i := "if y=0 then y:=y+1 else y:=y-1 end"
w := "while x≠0 do i; x:=x-1 end"
```

(1) Durch α wird folgende Startkonfiguration hergestellt:

(y:=0; w; ε, z_1)   Zustand $z_1(x) = 3$, $z_1(y) = 2$

(2) Dann ergeben sich mittels τ diese Folgekonfigurationen:

(1)   (w; ε, z_2) mit $z_2(x) = 3$, $z_2(y) = 0$

(2)   (i; x:=x-1; w; ε, z_2)

(3)   (y:=y+1; x:=x-1; w; ε, z_2)

(4)   (x:=x-1; w; ε, z_3) mit $z_3(x) = 3$, $z_3(y) = 1$

(5)   (w; ε, z_4) mit $z_4(x) = 2$, $z_4(y) = 1$

(6)   (i; x:=x-1; w; ε, z_4)

(7)   (y:=y-1; x:=x-1; w; ε, z_4)

(8)   (x:=x-1; w; ε, z_5) mit $z_5(x) = 2$, $z_5(y) = 0$

(9)   (w; ε, z_6) mit $z_6(x) = 1$, $z_6(y) = 0$

(10) (i; x:=x-1; w; ε, z_6)

(11) (y:=y+1; x:=x-1;w; ε, z_6)

(12) (x:=x-1; w; ε, z_7) mit $z_7(x) = 1$, $z_7(y) = 1$

(13) (w; ε, z_8) mit $z_8(x) = 0$, $z_4(y) = 1$

(14) (ε, z_8)

(3) Nun ist eine Endkonfiguration erreicht.
Das Ergebnis lautet:

$$\omega(\varepsilon, z_8) = 1$$

Die von P berechnete Funktion ist:

$$f_P\colon \mathbb{Z} \times \mathbb{Z} \to \mathbb{Z} \text{ mit}$$

$$f_P\,(x,y) = \begin{cases} x \bmod 2, & \text{falls } x \geq 0 \\ \text{undef.} & \text{sonst} \end{cases}$$

Lösung 4–5

a) Programme, die keine Eingabe erwarten und ein ganz bestimmtes Resultat liefern (z.B. Bestimmung der ersten tausend Primzahlen).

b) Programme, die bei beliebiger Eingabe ein definiertes Verhalten zeigen (z.B. ein Programm, das bei "Fehleingabe" eine Fehlermeldung bringt).

Vorbedingung TRUE ist also keine exotische Ausnahme, sondern der anzustrebende Normalfall!

Lösung 4–6

$$\begin{aligned}
\mathrm{wp}\,(\text{CASE–Anweisung}, Q) \equiv\ & (x \in \mathit{cll}1 \wedge \mathrm{wp}\,(S1,Q)) \vee \\
& (x \in \mathit{cll}2 \wedge \mathrm{wp}\,(S2,Q)) \vee \\
& \qquad \dots \\
& (x \in \mathit{clln} \wedge \mathrm{wp}\,(Sn,Q)) \vee \\
& (x \notin (\mathit{cll}1 \cup \mathit{cll}2 \cup \dots \cup \mathit{clln}) \wedge \mathrm{wp}\,(Sn{+}1,Q))
\end{aligned}$$

Lösung 4–7

Im folgenden sei S1 die erste Anweisung des Programmfragments, S2 die zweite. Wir bestimmen wp (S1; S2, Q) und überprüfen dann, ob diese schwächste Vorbedingung von P impliziert wird.

$$\begin{aligned}
&\mathrm{wp}\,(S1;\ S2, Q) \\
\equiv\ & \mathrm{wp}\,(S1, \mathrm{wp}\,(S2, Q)) \\
\equiv\ & \mathrm{wp}\,(S1, (x \geq 5 \wedge \mathrm{wp}\,(y{:}{=}x{+}y, y > 0)) \vee (x < 5 \wedge \mathrm{wp}\,(y{:}{=}x{-}y, y > 0))) \\
\equiv\ & \mathrm{wp}\,(x{:}{=}{-}y, (x \geq 5 \wedge x{+}y > 0) \qquad\ \vee\ (x < 5 \wedge x{-}y > 0)) \\
\equiv\ & ({-}y \geq 5 \wedge {-}y{+}y > 0) \qquad\qquad\ \vee\ ({-}y < 5 \wedge {-}y{-}y > 0) \\
\equiv\ & ({-}y \geq 5 \wedge 0 > 0) \qquad\qquad\qquad \vee\ (y > {-}5 \wedge {-}y > 0) \\
\equiv\ & ({-}y \geq 5 \wedge \text{FALSE}) \qquad\qquad\quad\ \vee\ (y > {-}5 \wedge y < 0) \\
\equiv\ & \text{FALSE} \qquad\qquad\qquad\qquad\qquad\ \vee\ ({-}5 < y < 0) \\
\equiv\ & {-}5 < y < 0
\end{aligned}$$

Die schwächste Vorbedingung ist also: $-5 < y < 0$. Wir müssen nun zeigen, daß P diese schwächste Vorbedingung impliziert. Es ist:

$$\left.\begin{array}{lll} -2 \le y & \Rightarrow & -5 < y \\ y \le -1 & \Rightarrow & y < 0 \end{array}\right\} \quad \text{also } P \Rightarrow \text{wp } (S1; S2, Q),$$

daraus folgt, daß das Programmfragment korrekt ist.

Lösung 4–8

a) Sei P1 die schwächste Vorbedingung der IF–Anweisung zur Erlangung von Q. P2 sei die schwächste Vorbedingung der Zeile $a := -b$ zu Erlangung von P1. P2 ist also die schwächste Vorbedingung des gesamten Programmstücks.

$$\begin{array}{lll} \text{P1} & \equiv & (a \ge 6 \wedge \text{wp } (b := a + b, Q) \vee (a < 6 \wedge \text{wp } (b := a - b, Q)) \\ & \equiv & (a \ge 6 \wedge 0 < a + b \le 4) \qquad \vee (a < 6 \wedge 0 < a - b \le 4) \end{array}$$

$$\begin{array}{lll} \text{P2} & \equiv & \text{wp } (a := -b, \text{P1}) \\ & \equiv & (b \le -6 \wedge 0 < -b + b \le 4) \quad \vee (b > -6 \wedge 0 < -b - b = -2b \le 4) \\ & \equiv & (b \le -6 \wedge \text{FALSE}) \qquad \vee (b > -6 \wedge 0 > b \ge -2) \\ & \equiv & -6 < b \wedge -2 \le b < 0 \\ & \equiv & -2 \le b < 0 \end{array}$$

b) Für die Korrektheit K des Programms gilt:

$$\text{K} \quad \equiv \quad P \Rightarrow \text{P2} \quad \equiv \quad (-3 \le b \le 0) \Rightarrow (-2 \le b < 0) \quad \equiv \quad \text{FALSE}$$

Die Implikation gilt offenbar nicht für alle b, denn $b = -3$ macht die Prämisse wahr, aber nicht die rechte Seite. Darum ist das Programm *nicht* korrekt (denn es garantiert bei erfüllter Vorbedingung P nicht die Nachbedingung Q).

Lösung 4–9

Bei nur partiell korrekten Programmen ist zu erwarten, daß sie unter gewissen Umständen nicht terminieren oder wegen Speicherüberlaufs abgebrochen werden (bei nichtterminierender Rekursion). Bei totaler Korrektheit hingegen wird auch das Terminieren verlangt.

Lösung 4–11

a) Sei $d = \frac{c}{6}$. Was a betrifft, ist die Invariante durch die Aufgabenstellung gegeben, nämlich $a = d^3$. Für b erhalten wir aus dem Inhalt der Schleife:

$$b = 1 + \sum_{i=0}^{d} c_i = 1 + 6 \sum_{i=0}^{d} i = 1 + 6 \cdot \frac{d(d+1)}{2} = 1 + 3d^2 + 3d.$$

Für c gilt bei jedem Schleifendurchlauf $c = 6d$, damit sieht die vollständige Invariante so aus:

$$a = d^3 \;\wedge\; b = 3d^2 + 3d + 1 \;\wedge\; c = 6d \;\wedge\; 0 \leq d \leq n$$

Die Invariante gilt offenbar zu Beginn (wegen $c{=}0$, also $d{=}0$, $a{=}0$, $b{=}1$), und sie gelte für d_i ($0 \leq d_i \leq n$).

$$a_{i+1} \quad = a_i + b_i = d_i{}^3 + (3d_i{}^2 + 3d_i + 1) = d_{i+1}{}^3$$

$$c_{i+1} \quad = c_i + 6 \text{ und damit } d_{i+1} = d_i + 1,\, d_{i+1} \leq n \text{ wegen } d_i < n$$

$$
\begin{aligned}
b_{i+1} \quad &= b_i + c_{i+1} = (3d_i{}^2 + 3d_i + 1) + (6d_i + 6) = 3d_i{}^2 + 9d_i + 7 \\
&= 3(d_i{}^2 + 2d_i + 1) + 3(d_i + 1) + 1 = 3d_{i+1}{}^2 + 3d_{i+1} + 1
\end{aligned}
$$

also invariant!

b) Die Nachbedingung folgt direkt aus der Invariante für a und d und aus der Wiederholbedingung:

$$a = d^3 \wedge 0 \leq d \leq n \wedge \neg\,(d < n) \;\Rightarrow\; d = n \;\Rightarrow\; a = n^3 \quad \text{q.e.d.}$$

c) Es fehlt noch der Beweis des Terminierens. Dieser ist hier (wegen der Inkrementierung von c bei jedem Durchlauf) sehr einfach.

Lösung 4–12

a)

$StrVgl(A,B) =$

$$
\begin{cases}
vor, & \text{falls } \exists i \text{ mit } (1 \leq i \leq Max)\text{: } (\forall j \text{ mit } (1 \leq j < i)\text{: } A[j] = B[j]) \\
& \qquad\qquad\qquad \wedge\; A[i] < B[i] \\
nach, & \text{falls } \exists i \text{ mit } (1 \leq i \leq Max)\text{: } (\forall j \text{ mit } (1 \leq j < i)\text{: } A[j] = B[j]) \\
& \qquad\qquad\qquad \wedge\; A[i] > B[i] \\
gleich & \text{sonst, d.h. } \forall i \text{ mit } (1 \leq i \leq Max)\text{: } A[i] = B[i]
\end{cases}
$$

(wobei gilt: $\forall\, ch \in \{'A'..'Z'\}$: ' ' $< ch$, das Blank steht also in der Ordnung vor allen Buchstaben.)

Einfacher formuliert, direkt als Nachbedingung des späteren Programms:

$$Q \equiv \exists i \text{ mit } (1 \leq i \leq Max): (\forall j \text{ mit } (1 \leq j < i): A[j] = B[j])$$
$$\wedge (\quad ((A[i] < B[i]) \wedge (StrVgl = vor))$$
$$\vee ((A[i] > B[i]) \wedge (StrVgl = nach))$$
$$\vee ((A[i] = B[i]) \wedge (i = Max) \wedge (StrVgl = gleich)))$$

b) INV ist die erste Zeile von Q, d.h. derjenige Teil, der nicht auf den Endwert für i Bezug nimmt.

$$INV \equiv \exists i \text{ mit } (1 \leq i \leq Max): (\forall j \text{ mit } (1 \leq j < i): A[j] = B[j])$$

Die Wiederholbedingung vervollständigt dann (zusammen mit der Rückgabe des Funktionsresultats) INV zu Q:

$$\neg\, B \equiv (A[i] \neq B[i]) \vee (i = Max)$$
$$B \equiv (A[i] = B[i]) \wedge (i < Max)$$

Die Anfangsbedingung muß INV implizieren und durch simple Operationen erreichbar sein. Die Anfangsbedingung für die Schleife (nicht für das ganze Programm) ist

$$P \equiv i = 1$$

(Die Anfangsbedingung für das ganze Programm ist $P \equiv TRUE$, weil eine Zuweisung $i := 1$ die Anfangsbedingung der Schleife garantiert.)

c) Die Implementierung sieht damit so aus:

```
PROCEDURE StrVgl (A, B: WortTyp): VglResTyp;
  VAR i: INTEGER;
BEGIN
  i := 1;
  WHILE (i < Max) AND (A[i] = B[i]) DO
    INC(i);
  END (* WHILE *);
  IF A[i] < B[i] THEN
    RETURN vor
  ELSIF A[i] > B[i] THEN
    RETURN nach
  ELSE
    RETURN gleich
  END (* IF *)
END StrVgl;
```

Lösung 4–13

Die Testdaten werden ermittelt, indem man den gewünschten Pfad *rückwärts* durch das Programm verfolgt. Dabei wird jeweils durch Ungleichungen angegeben, welchen Bedingungen die Variablen genügen müssen (Prinzip der schwächsten Vorbedingung, wp). Am Anfang des Pfades angekommen, erhält man so eine Ungleichung für p und q, aus der konkrete Testdaten abgeleitet werden können.

i) Das Programm wird bei (g) verlassen, falls $p < q$. (a) ist der Einstieg in das Programm. Also muß $p < q$ direkt zu Anfang gelten. Beispieldaten: $p = 1$; $q = 2$.

ii)   Stelle Bedingung   Erklärung

      (g)   —

      (f) $p < q$

      (e) $(p - q \cdot i < q)$ Geht man von (f) nach (e) zurück, dann sieht man, daß das p in der Gleichung oben durch die Zuweisung $p := p_{\text{vorher}} - q \cdot i$ entstanden ist.

      (c) $(p - q \cdot i < q) \wedge (p < q \cdot j)$

                                  Die alte Bedingung bleibt bestehen, zusätzlich mußte $p < q \cdot j$ gelten, da von (c) nach (e) verzweigt wurde.

      (b) $(p - q \cdot i < q) \wedge (p < q \cdot 10i)$

                                  Von (b) nach (c) wurde $j := 10 \cdot i$ ausgeführt.

      (a) $(p - q < q) \wedge (p < 10q) \wedge (p \geq q)$

                                  Von (a) nach (b) wurde i mit 1 initialisiert. Das wird in die Gleichungen eingesetzt; außerdem muß $p \geq q$ gegolten haben, da von (a) nicht nach (g) verzweigt wurde.

     $\Rightarrow$ $q \leq p < 2q$
             als Bedingung für die Parameter p und q bei Programmstart. Beispieldaten: $p = 50$; $q = 30$.

iii) Nach demselben Muster. Ungleichungen in eckigen Klammern sind unwesentlich und werden beim nächsten Schritt nicht berücksichtigt.

Stelle   Bedingung

(g)   —

(f) $p < q$

(e) $(p - q \cdot i < q)$

(c) $(p - q \cdot i < q) \wedge (p < q \cdot j)$

(d) $(p - q \cdot i < q) \wedge (p < q \cdot 10 i)$

(c) $(p - q \cdot 10 i < q) \wedge [p < q \cdot 100 i] \wedge (p \geq q \cdot j)$

(d) $(p - q \cdot 10 i < q) \wedge (p \geq q \cdot 10 i)$

(c) $(p - q \cdot 100 i < q) \wedge (p \geq q \cdot 100 i) \wedge (p \geq q \cdot j)$

(d) $(p - q \cdot 100 i < q) \wedge (p \geq q \cdot 100 i) \wedge (p \geq q \cdot 10 i)$

(c) $(p - q \cdot 1000 i < q) \wedge (p \geq q \cdot 1000 i) \wedge [p \geq q \cdot 100 i] \,\&\, (p \geq q \cdot j)$

(b) $(p - q \cdot 1000 i < q) \wedge (p \geq q \cdot 1000 i) \wedge (p \geq q \cdot 10 i)$

(a) $(p < 1001 q) \wedge (p \geq 1000 q) \wedge (p \geq 10 q) \wedge (p \geq q)$

$\Rightarrow$ $1000 q \leq p < 1001 q$ bei Programmstart
Beispieldaten: $p = 2001; q = 2$.

iv) ...
(viel Rechenarbeit, analog zu (i) – (iii))
...

$\Rightarrow$ $200 q \leq p < 201 q$ bei Programmstart
Beispieldaten: $p = 1003; q = 5$.

v) ...

$\Rightarrow$ $12 q \leq p < 13 q$ bei Programmstart
Beispieldaten: $p = 37; q = 3$.

Lösung 4–14

Der hier vorgestellte Testrahmen funktioniert folgendermaßen: Eingabe ist ein File, in dem Testdaten und Sollresultate stehen, beispielsweise das folgende, das freilich längst nicht alle sinnvollen Testfälle abdeckt:

```
|123|        |XXXXX|       |123|
|1|          ||           |1|
||           |AAAAA|       ||
|12345|      |0|          |12345|
```

Jede Zeile enthält einen Testfall. Es handelt sich dabei um jeweils zwei Strings, die durch das Zeichen "|" eingeschlossen sind. Diese bilden die Parameter für die

Prozedur. Der dritte String ist das Sollresultat (wichtig, damit der Testrahmen selbst Fehlfunktionen erkennen und *deutlich*, d.h. unübersehbar anzeigen kann).

Damit ist klar, was der Testrahmen leisten soll: Er muß Funktionen zum Lesen der Strings aus dem File und zum Vergleich von Soll– und Ist–Resultat enthalten. Nachfolgend die gekürzte Fassung eines solchen Testrahmens:

```
MODULE StringTest;

    ...

    FROM StringMod IMPORT StringCopy;
                    (* die zu testende Prozedur *)

    PROCEDURE LiesString(VAR Str: ARRAY OF CHAR);
        (* liest einen durch | begrenzten String   *)
        (* von der Standard-Eingabe in das über-    *)
        (* gebene Array. Str wird ggf. mit CHR(0)    *)
        (* abgeschlossen, es findet jedoch keine     *)
        (* Bereichspruefung statt.                   *)
        VAR ch: CHAR;
            i : CARDINAL;
        ...
    END LiesString;

    PROCEDURE StringGleich(Str1,Str2: ARRAY OF CHAR): BOOLEAN;
        (* Gibt TRUE zurück, wenn die signifikanten *)
        (* Zeichen (also bis Ende oder CHR(0)) der   *)
        (* beiden Strings gleich sind.               *)
        ...
    END StringGleich;

    CONST Laenge = 5; (* muss dem Testdatenfile entsprechen *)
    TYPE  StringTyp = ARRAY [0..Laenge-1] OF CHAR;

PROCEDURE StringAus (Str: ARRAY OF CHAR);
(* Ausgabe eines Strings, Laenge normalisiert *)
    ...
END StringAus;

    VAR   Op1,Op2,SollOp2 : StringTyp;
          Op3 : ARRAY [0..0] OF CHAR;          (* Minimal-String *)
          Op4 : ARRAY [0..2*Laenge-1] OF CHAR;  (* grosser S.*)
          i                 : CARDINAL;
          ch                : CHAR;

BEGIN (* StringTest *)
  WriteString("Test der StringCopy-Prozedur."); WriteLn;
  WriteString("============================="); WriteLn;
  WriteLn;
  OpenInput("TST");
  LOOP
    (* Strings initialisieren: *)
    FOR i := 0 TO Laenge-1 DO
      Op1[i] := '*'; Op2[i] := '*';
```

```
        Op4[i] := '*'; Op4[i+Laenge] := '*';
        SollOp2[i] := '*';
    END (* FOR *);
    Op3[0] := '*';

    (* Der Test: *)
    LiesString(Op1); IF NOT Done THEN EXIT END;
    WriteString("  StringCopy(");
    StringAus(Op1); WriteString(", ");

    (* Vorbesetzung des Zielstrings *)
    LiesString(Op2); IF NOT Done THEN EXIT END;
    StringAus(Op2); WriteString(") = ");

    (* Sollresultat einlesen (fuer Op2) *)
    LiesString(SollOp2); IF NOT Done THEN EXIT END;

    StringCopy(Op1,Op2); (* in das gleichlange Feld *)
    StringCopy(Op1,Op3); (* in das zu kleine Feld *)
    StringCopy(Op1,Op4); (* in das zu grosse Feld *)

    StringAus (Op2); Write("/");
    StringAus (Op3); Write("/");
    StringAus (Op4);
    IF      StringGleich(Op2,SollOp2)
      AND (SollOp2[0] = Op3 [0])
      AND  StringGleich(Op4,SollOp2) THEN
      WriteString("  OK");
    ELSE
      WriteString("  *ERROR*");
    END (* IF *);
    WriteLn;
    IF NOT Done THEN EXIT END;
  END (* LOOP *);
  WriteLn;
  WriteString("Tests beendet.");
  WriteLn;
  CloseInput();
END StringTest.
```

Man könnte diesen Testrahmen noch verbessern durch den Einbau eines (im Normalfall ohne Meldung ablaufenden) Selbsttests von *StringGleich*, z.B.

```
IF      StringGleich ("A", "AA")
  OR NOT StringGleich ("", "")
  OR ...
  THEN <Fehler im Testrahmen>;
```

Durch die Arbeit mit drei verschieden langen Zielfeldern (*Op2*, *Op3*, *Op4*) werden
verschiedene Fälle abgedeckt (Zielfeld ist gleichlang, kürzer oder länger als das
Quellfeld).

Die Ausgabe des Programms sieht folgendermaßen aus, wenn als Eingabe das oben
angegebene Testdaten–File verwendet wird:

Test der StringCopy-Prozedur.

```
StringCopy( |123|    , |XXXXX| ) = |123|   / |1|  / |123|     OK
StringCopy( |1|      , ||      ) = |1|     / |1|  / |1|       OK
StringCopy( ||       , |AAAAA| ) = |A****| / |*|  / |*****|   *ERROR*
StringCopy( |12345|  , |0|     ) = |12345| / |1|  / |12345|   OK
```

Tests beendet.

Wie man sieht, wird der in der Aufgabe erwähnte Fehler in der dritten Zeile aufgedeckt. Die LOOP–Schleife der *StringCopy*–Prozedur läßt sich wesentlich einfacher (und dann hoffentlich fehlerfrei) schreiben. Vergleiche die Lösung von Aufgabe 2–38 (b).

Lösung 6–1

a) Obere Schranken von g sind etwa: $f_{o1}(n) = n^4 / 10\,000\,000$, $f_{o2}(n) = e^n - 1024$, $f_{o3}(n) = n! + \log(n)$.

b) Untere Schranken: $f_{u1}(n) = n \cdot 10^8$, $f_{u2}(n) = n^2 \cdot \log(n) - 713$, $f_{u3}(n) = 3.14159$.

c) Exakte Schranken: $f_{ex1}(n) = n^3$, $f_{ex2}(n) = n^3 / 3000 + 12n^2 \cdot \log(n)$.

(Nach der Definition sind die Lösungen von (c) auch Lösungen für (a) und (b).)

Lösung 6–2

a,b) In der folgenden Tabelle ist der Aufwand für PruefProc (P1, P2) dargestellt. Jede Spalte steht für einen Aufruf von PruefProc mit dem in der ersten Zeile angegebenen Wert für den Parameter P1 (der zweite Parameter P2 ist immer konstant). In der zweiten Zeile steht, wie oft der Aufruf mit diesem Parameterwert insgesamt vorkommt, in der dritten Zeile, wie groß jedesmal der lokale Aufwand ist.

Parameter	P1	P1–1	P1–2	...	1	0
Ausführungen	1	P2	$P2^2$	...	$P2^{P1-1}$	$P2^{P1}$
Aufwand lokal	P2	P2	P2	...	P2	1

Damit ist der Aufwand insgesamt proportional $P2^{P1}$ (sowohl durch das vorletzte, als auch durch das letzte Glied). Der Aufwand wächst also (a) exponentiell mit P1, (b) polynomial (Exponent P1) mit P2.

Lösung 6–3

a) G_1:   ungerichtet,   schlingenlos, azyklisch,   zusammenhängend.
   G_2:   gerichtet, nicht schlingenlos, zyklisch,   zusammenhängend.
   G_3:   ungerichtet,   schlingenlos, zyklisch,   zusammenhängend.
   G_4:   gerichtet,   schlingenlos, azyklisch,   unzusammenhängend.
   G_5:   gerichtet,   schlingenlos, azyklisch,   zusammenhängend.
   G_6:   gerichtet,   schlingenlos, zyklisch, stark zusammenhängend.
   G_7:   ungerichtet,   schlingenlos, zyklisch,   zusammenhängend.

b) G_6 sieht in Mengen–Schreibweise so aus:

$$G_6 = (V, E) \quad \text{mit} \quad V = \{ 1, 2, 3, 4 \}$$
$$\text{und } E = \{ (1, 4), (4, 2), (3, 4), (2, 3), (2, 1) \}.$$

c) Es gibt in G_7 mehrere Kantenzüge der Länge 9, zum Beispiel (1, 2, 3, 5, 4, 7, 5, 6, 8, 9). Dagegen gibt es weder einen Weg der Länge 9 (dazu brauchte man 10 Knoten), noch der Länge 8.

Lösung 6–4

a) Zwischen *zwei* Knoten befindet sich *eine* Kante, danach wird für *jeden weiteren* Knoten *eine* weitere Kante benötigt. Es muß also gelten $|E| \geq n - 1$.

b) Es ist $V = \{1, 2, 3, ..., n \}$. Wir beginnen bei Knoten 1 und fügen jeweils die maximal mögliche Zahl von Kanten in den Graphen ein.

Vom Knoten 1 aus können maximal $n-1$ Kanten zu den restlichen Knoten ausgehen. Von Knoten 2 aus sind es noch $n-2$, denn $2 \to 1$ würde einen Zyklus ergeben, usw. für die restlichen Knoten. Es ist demnach

$$|E|_{max} = (n-1) + (n-2) + ... + 1 + 0 = \sum_{i=0}^{n-1} i = \frac{n(n-1)}{2}.$$

Diese Zahl entspricht der Anzahl von Diagonalen in einem n–Eck (inklusive der Seiten). Es kann also nicht mehr Kanten geben, denn jede weitere müßte gegenparallel zu einer bereits vorhandenen liegen und damit einen Zyklus erzeugen.

Die Abbildung 6.5 zeigt einen Graphen mit 5 Knoten und der maximalen Anzahl von 10 Kanten.

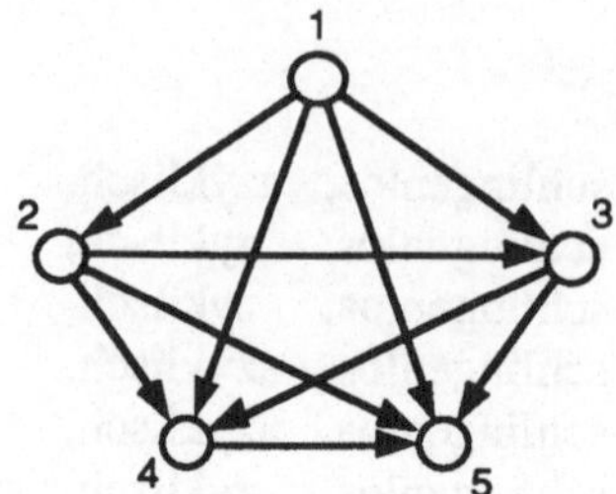

Abb. 6.5   Gerichteter, azyklischer Graph mit 5 Knoten und $|E| = |E|_{max} = 10$.

Lösung 6–5

Zweckmäßigerweise wird man sich G erst einmal aufzeichnen:

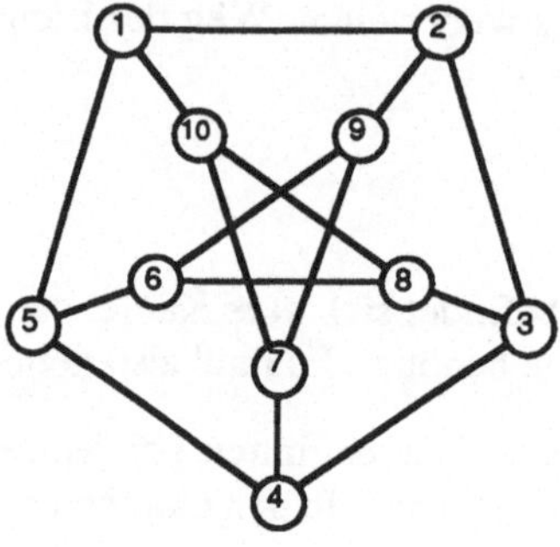

Abb. 6.6   Darstellung des Graphen G

a) G besitzt keinen Hamiltonschen Zyklus (= Weg, der jeden Knoten *genau einmal* passiert). Um dies zu zeigen, überlegen wir, welche fünf Kanten man in G streichen könnte, damit die verbleibenden zehn Kanten einen Hamiltonschen Zyklus (G') bilden. Dabei werden wir auf Widersprüche stoßen.

In jedem Zyklus von G, der *nicht* Hamiltonscher Zyklus ist (z.B. 1,2,3,4,5,1), muß mindestens eine Kante wegfallen, denn G' enthält keine kürzeren Zyklen.

Außerdem gilt: Wenn man die Knoten von G' in zwei beliebige Klassen einteilt, dann muß es zwischen diesen beiden Klassen eine gerade Zahl $z \geq 2$ von Kanten geben (der Zyklus muß ja von der einen in die andere Klasse und auf einem anderen Weg wieder herausführen).
Daraus folgt, daß an jedem Knoten (der ja auch ein Teilgraph ist) genau eine Kante wegfällt; von den fünf Kanten, die den äußeren und den inneren Graphen verbinden (1 bis 5 mit 6 bis 10), muß eine Kante oder müssen drei Kanten wegfallen.

Fall A: 1 Kante fällt weg

O.B.d.A.: e_{1-10} fällt weg, e_{2-9}, e_{3-8}, e_{4-7}, e_{5-6} bleiben also erhalten. Dann müssen e_{7-10} und e_{8-10} bleiben (sonst wäre K_{10} isoliert), also fallen e_{7-9} und e_{8-6} weg:

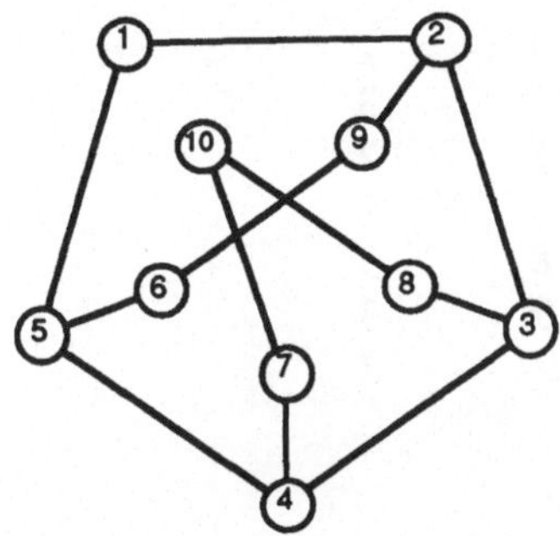

Abb. 6.7   G nach Wegfall einiger Kanten

Offenbar ist nun nur noch e_{3-4} entbehrlich, es muß aber noch mindestens eine weitere Kante entfallen $\Rightarrow$ *Widerspruch!*

Fall B: 3 Kanten fallen weg

B_1: die beiden restlichen sind benachbart

O.B.d.A.: e_{10-1} und e_{2-9} bleiben. Es entsteht das gleiche Problem wie oben, nur e_{1-2} kann noch entfallen.

B_2: die beiden restlichen sind nicht benachbart

O.B.d.A.: e_{10-1} und e_{3-8} bleiben. Es entsteht das gleiche Problem wie oben, nur e_{10-8} kann noch entfallen.

b) Es werden mindestens drei Farben benötigt.

Begründung: Eine Farbe reicht trivialerweise nicht aus. *Zwei* Farben können deshalb nicht ausreichen, weil G Zyklen mit ungerader Knotenzahl besitzt (z.B. 1 bis 5). Daß es mit *drei* Farben gelingt, läßt sich konstruktiv beweisen, indem wir angeben, wie es gemacht wird:

Wir beginnen bei einem Knoten v_1, den wir mit Farbe 1 einfärben. Dann werden auf einem Weg die Knoten v_{2i} mit Farbe 2 und die Knoten v_{2i+1} mit Farbe 1 ($i = 1, .., m$) gefärbt. Unter Beachtung aller übrigen Kanten werden Knoten bei Farbkollision mit Farbe 3 gefärbt.

Mit diesem Verfahren erhalten wir die folgende Färbung des Graphen:

Knoten	Farbe
1	1
2	2
3	1
4	2
5	3
6	2
7	1
8	3
9	3
10	2

Lösung 6–6

B_1:   2–beschränkt, vollständig ausgeglichen, aber nicht gleichverzweigt

B_2:   3–beschränkt, vollständig ausgeglichen, gleichverzweigt

B_3:   3–beschränkt, ausgeglichen, aber nicht gleichverzweigt

B_4:   1–beschränkt, ausgeglichen, 1–gleichverzweigt
   (Ein "1–beschränkter" Baum hat natürlich wenig Sinn. Eigentlich handelt es
   sich hier um eine *Liste*.)

B_5:   2–beschränkt, vollständig ausgeglichen, 2–gleichverzweigt

B_6:   2–beschränkt, ausgeglichen, aber nicht gleichverzweigt

Lösung 6–7

a) Die *Preorder*-Reihenfolge allein bestimmt den Baum nicht eindeutig. (Die Folge
   1–2–3 kann beispielsweise bereits für fünf verschiedene Bäume stehen.) Dasselbe
   gilt für die *Inorder*– und für die *Postorder*-Darstellung.

b) Aus *Pre*– und *Inorder*-Reihenfolge zusammen ist der Baum eindeutig rekon-
   struierbar. Der erste Knoten der *Preorder*-Liste ist die Wurzel des gesamten
   Baums. Die Stelle k, an der dieser Knoten in der *Inorder*-Liste steht, gibt an, wo
   in beiden Listen der linke Unterbaum aufhört und der rechte anfängt, wie die
   folgende Grafik veranschaulicht:

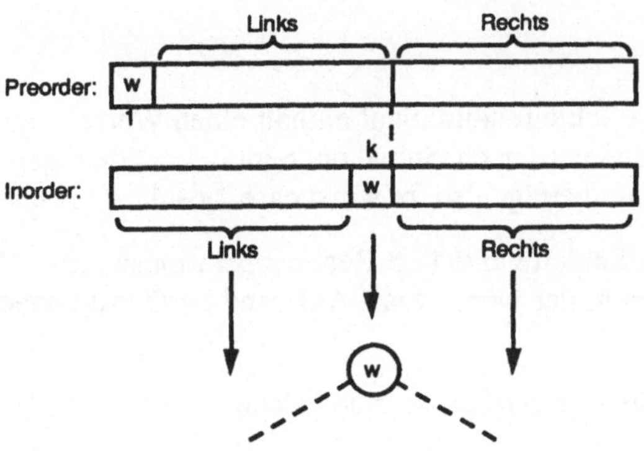

Abb. 6.8   Baum–Rekonstruktion

Nach dieser Überlegung läßt sich elegant ein rekursiver Algorithmus formulieren,
der den Baum aus den beiden Listen aufbaut (Pseudocode):

```
PROCEDURE BaueBaum (VAR Wurzel, ListePre, ListeIn);
BEGIN
  IF Listen leer THEN
    Wurzel := NIL;
  ELSE
    Wurzel := ListePre[1];
    k := Position von Wurzel in ListeIn;
    BaueBaum(LUB, ListePre[2..k], ListeIn[1..k-1]);
    BaueBaum(RUB, ListePre[k+1..Länge], ListeIn[k+1..Länge]);
  END (* IF *);
END BaueBaum;
```

Lösung 6–8

Dies ist der durch die Tabelle beschriebene Baum:

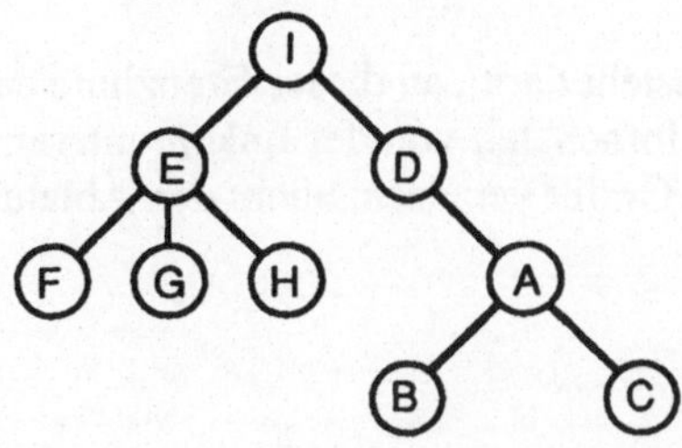

Abb. 6.9   Graphische Darstellung des Baums

Lösung 6–9

Lineare Suche: Ein Schleifendurchlauf enthält einen Wertevergleich und eine INC–
Operation, am Schluß wird noch einmal der Sentinel mit dem gesuchten Element verglichen, der Aufwand beträgt also im worst case $2n + 1$.

Binäre Suche: Die Schleife enthält 3 Rechenoperationen, einen Indexvergleich und
einen Wertevergleich, der worst–case–Aufwand beträgt demnach 5 ld n (natürlich
aufzurunden).

Damit die lineare Suche schneller ist, muß gelten:

$$2n + 1 \; < \; 5 \operatorname{ld} n$$
$$n \; \leq \; 5$$

Der lineare Algorithmus ist dem binären also nur bis zu einer Feldlänge von 5 Ele-
menten überlegen, wenn die angegebenen Annahmen gelten. In Wirklichkeit ist der
binäre Algorithmus allerdings ein wenig teurer, denn er enthält ja auch Zuweisungen
an die Variablen *Pos*, *Rechts* und *Links*. Veranschlagen wir für diese Zuweisungen
pro Schleifendurchlauf einen Aufwand von 1, so gilt die Ungleichung:

$$2n + 1 \; < \; 6 \operatorname{ld} n$$
$$n \; \leq \; 9$$

Der binäre Algorithmus ist also auch unter diesen Bedingungen bereits ab $n = 10$
überlegen!

Lösung 6–10

a) Wegen der garantierten Sortierung der Matrixelemente sind (falls vorhanden) alle
   Elemente $> x$ rechts unten, alle $< x$ links oben von einer Trennlinie, die von links
   unten nach rechts oben durch die Matrix läuft und (im Sinne der Graphik) stets
   ansteigt.

   Die Idee der Lösung besteht darin, an dieser Grenzlinie entlangzulaufen. Man muß
   sie zuerst finden, am einfachsten von der linken unteren oder der rechten oberen
   Ecke her. Die folgende Grafik veranschaulicht den Ablauf:

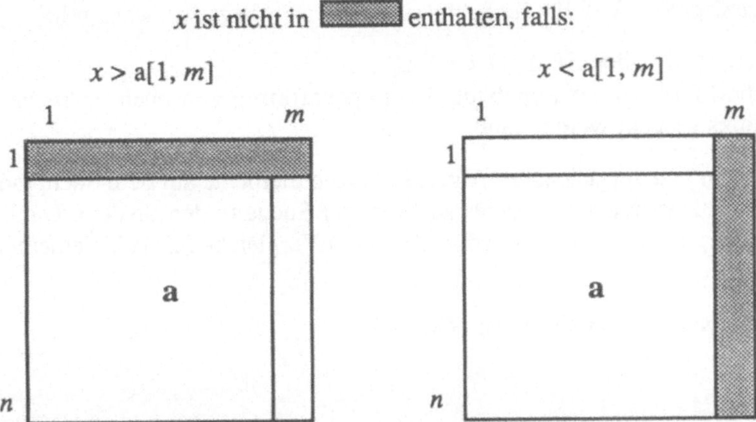

Abb. 6.10   Vorüberlegung zur zweidimensionalen Suche

(1) Als erstes Vergleichselement wird der obere rechte Eckwert gewählt.

(2) Falls $x > a[1, m]$, wird in der Spalte nach unten gesucht, bis $x \leq a[i, m]$.

(3) In der so erreichten Zeile wird nach links gesucht, bis $x > a[i, j]$.

Schritte (2) und (3) werden solange wiederholt, bis x gefunden oder die linke untere Ecke erreicht ist.

b) Wir zeigen hier nur die Prozedur *IstImFeld* selbst:

```
PROCEDURE IstImFeld (x : INTEGER) : BOOLEAN;

VAR i, j : INTEGER;

   PROCEDURE SucheInZeile;
   BEGIN
      WHILE (x < a[i, j]) AND (j > 1) DO DEC (j) END
   END SucheInZeile;

   PROCEDURE SucheInSpalte;
   BEGIN
      WHILE (x > a[i, j]) AND (i < n) DO INC (i) END
   END SucheInSpalte;

BEGIN
   i := 1; j := m;
   REPEAT
     SucheInZeile;
     SucheInSpalte;
   UNTIL (x=a[i,j]) OR ((i=n) AND (j=1));
   RETURN x=a[i,j]
END IstImFeld;
```

c) Der schlechteste Fall für die Suche eines Wertes x liegt vor, wenn gilt:

  1. $x = a[n,1]$ oder $a[n{-}1, 1] < x < a[n, 1]$
  2.   die Matrix ist so aufgebaut, daß treppenförmig von oben rechts nach unten links gesucht werden muß.

In diesem Fall vergleicht der Algorithmus die Elemente auf dem Suchpfad sowohl bei der Suche in den Zeilen als auch bei der Suche in den Spalten. Da die Länge des Suchpfads $n{+}m{-}1$ ist, werden $2(n{+}m{-}1)$ Vergleiche mit Feldelementen durchgeführt.

Der Aufwand ist dann folglich $O(n{+}m)$.

Lösung 6–11

a) Text = "aaaaaaa..axa..aaaaaa" (n_0–mal "a" vor dem "x" und n_1–mal "a" nach dem "x"; $n_0{+}n_1{=}n$)

KMP beginnt mit dem Vergleichen von vorne bis zu einer Abweichung: Bis zur erstmaligen Abweichung müssen m Vergleiche gemacht werden. Dann kann der String jedesmal um eine Stelle geschoben und das vorletzte Zeichen des Strings mit dem aktuellen Zeichen des Textes verglichen werden. KMP braucht also $2n_0{-}m{+}1$ Vergleiche und $n_0{-}m$ Verschiebungen.

BM beginnt mit dem Vergleichen von hinten bis zu einer Abweichung. Bis zur Abweichung wird nur immer das letzte Zeichen des Strings mit dem aktuellen Zeichen des Texts verglichen. Am Schluß müssen noch die m übrigen "a's" auf ihre Korrektheit überprüft werden. BM braucht demnach $n_0{+}1$ Vergleiche und ebenfalls $n_0{-}m$ Verschiebungen.

In diesem Spezialfall braucht BM etwas weniger Vergleiche ($n_0{+}1$). Falls wie angenommen $n_0 \gg m$ ist, so ist BM, was die Vergleiche anbelangt, um den Faktor 2 besser.

b) **KMP** verhält sich ähnlich wie in (a). Bis zur erstmaligen Abweichung werden $m{-}1$ Vergleiche gemacht. Danach kann der String jeweils um eine Stelle geschoben und das drittletzte Zeichen des Strings mit dem aktuellen Zeichen verglichen werden. KMP braucht $2n_0{-}m{+}3$ Vergleiche und $n_0{-}m{+}1$ Verschiebungen. Wäre das "x" an k–letzter Stelle, so brauchte KMP $2n_0{-}m{+}2k{-}1$ Vergleiche und $n_0{-}m{+}k{-}1$ Verschiebungen, an vorderster Stelle (es muß nicht mehr nach jeder Verschiebung das Zeichen vor der Nicht–Übereinstimmung geprüft werden) nur noch genau $n_0{+}1$ Vergleiche!

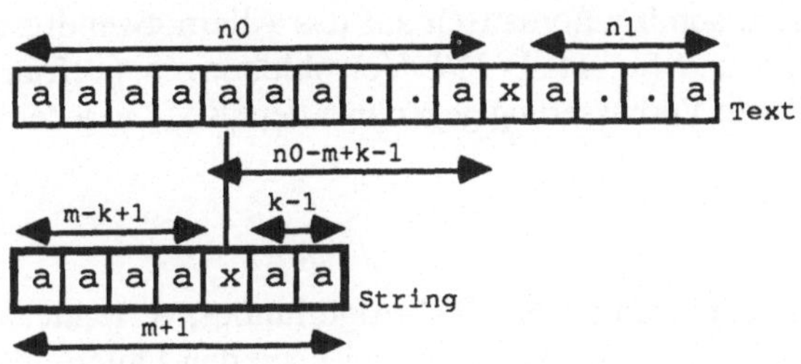

Abb. 6.11 Verhalten von KMP

m–k+1 Vergleiche OK

1 Vergleich FALSCH (x) → schieben + 1 Vergleich OK n_0–m+k-1 *mal*
1 Vergleich OK (x)
k–1 Vergleiche OK

Insgesamt: m–k+1+2(n_0–m+k-1)+1+k–1
        = 2n_0–m+2k–1 Vergleiche

BM (so wie der Algorithmus im Skriptum beschrieben wird) verhält sich etwas unangenehmer! Nach der Abweichung (2 Vergleiche) wird der String um 1(!) Zeichen verschoben (obwohl zu diesem Zeitpunkt feststeht, daß um 2 Zeichen verschoben werden könnte). Danach muß jedesmal *der ganze String* wieder verglichen werden bis zur Stelle der Nicht–Übereinstimmung (dies wäre auch nicht erforderlich, wenn der Algorithmus Sub–Sequenzen berücksichtigte). Diese beiden Verbesserungen des Algorithmus sind in guten Implementierungen enthalten. Unser Einfach–BM braucht somit, genau wie KMP: 2n_0–m+3 Vergleiche und n_0–m+1 Verschiebungen.

Wäre das "x" an k-letzter Stelle: k(n_0–m+k–1)+m+1 Vergleiche und n_0–m+k–1 Verschiebungen. Je weiter die Position des "x" nach vorne rückt, desto schlechter wird BM gegenüber KMP. Im Extremfall ("x" zuvorderst) ist KMP etwa um den Faktor m besser, zumindest was die Vergleiche anbelangt.

k–1 Vergleiche OK

1 *Vergleich FALSCH (x) → schieben → k–1 Vergleiche OK* n_0–m+k-1 *mal*
1 Vergleich OK (x)
m–k+1 Vergleiche OK

Insgesamt: k–1+(1+k–1)·(n_0–m+k–1)+1+m-k+1
        = k(n_0–m+k-1)+m+1 Vergleiche

Ein seriöserer BM–Algorithmus verhielte sich hingegen ganz anders: Der String könnte immer jeweils um k Stellen verschoben werden, da der Algorithmus "weiß", daß kein weiteres "x" mehr im String vorkommt. Die Vergleiche beschränkten sich somit automatisch auf das Allernotwendigste. Es resultieren n_0+1 Vergleiche und $(n_0-m+k-1)/k$ Verschiebungen (aufrunden!). Dies entspräche einer klaren Verbesserung gegenüber dem KMP in jeder Hinsicht.

Lösung 6–12

a) Diese Lösung arbeitet ähnlich dem BM–Algorithmus, verzichtet allerdings auf den Aufbau einer Delta–Tabelle, da ja nur zwischen den Fällen "Zeichen = Z" oder "Zeichen ≠ Z" entschieden werden muß.

```
PROCEDURE GibPos (Z: CHAR; n: CARDINAL): CARDINAL;
  VAR Ind, Delta : CARDINAL;
BEGIN
  Ind := n - 1;
  WHILE Ind < t DO
    Delta := 0;
    WHILE (Delta<n) AND (Text[Ind-Delta]=Z) DO
      INC (Delta)
    END (* WHILE *);
    IF Delta = n THEN
      RETURN Ind - n  (* Aussprung aus Schleife, diskutabel *)
    ELSE
      Ind := Ind - Delta + n;
    END (* IF *);
  END (* WHILE *);
  RETURN t
END GibPos;
```

b) Wenn das Pattern (n–mal Z) nicht gefunden wird, ist es nicht möglich, daß dasselbe Zeichen des Textes mehrfach verglichen wird. Denn nach Verlassen der inneren Schleife sind von *Ind–Delta*+1 bis *Ind* genau *Delta* Z gefunden; dann wird der Bereich *Ind–Delta+n* bis herab zu *Ind*+1 durchsucht. Dieser kann aber aufgrund der Voraussetzung, daß der String nicht enthalten ist, nicht nur Z enthalten, folglich wird der früher durchsuchte Bereich kein zweites Mal durchsucht.

Günstigster Fall: In einem Text der Form ABA ... BABAB sind die A beliebige Strings der Länge $n-1$, B beliebige Zeichen ungleich Z. Dann genügen t DIV n Zeichenvergleiche.

Ungünstigster Fall: Text hat die Form BABA ... BABABA, worin A aus $n-1$ Zeichen Z besteht, während B ein beliebiges anderes Zeichen darstellt. In diesem Fall wird jedes Zeichen des Texts genau einmal verglichen, also t Vergleiche.

Lösung 6–13

a) Die formale Definition von H(Baum) sieht so aus:

$$\text{LinksNichtVorhandenOderKleiner}(B) =$$
$$(B^\wedge. L \neq NIL) \Rightarrow (B^\wedge. L^\wedge. Inh < B^\wedge. Inh)$$

$$\text{RechtsNichtVorhandenOderGroesser}(B) =$$
$$(B^\wedge. R \neq NIL) \Rightarrow (B^\wedge. R^\wedge. Inh > B^\wedge. Inh)$$

$$H(B) = (B = NIL)$$
$$\vee (\quad ((\text{LinksNichtVorhandenOderKleiner}(B) \wedge H(B^\wedge.L))$$
$$\wedge ((\text{RechtsNichtVorhandenOderGroesser}(B) \wedge H(B^\wedge.R)))$$

Ein Baum besitzt die geforderte Eigenschaft, wenn das Prädikat für seine Wurzel gilt.

b) Der Algorithmus kann wie folgt ablaufen: Der Baum wird in Postorder traversiert. Bei jedem Knoten wird überprüft, ob seine Söhne die Bedingung erfüllen, also (in Pseudocode):

```
Für alle Knoten: (traversiert in Postorder)
   IF Linker Sohn existiert und ist größer als Knoten THEN
      Vertausche Knoten und linken Sohn
   END (* IF *)
   IF Rechter Sohn existiert und ist kleiner als Knoten THEN
      Vertausche Knoten und rechten Sohn
   END (* IF *)
```

Die Traversierung muß wiederholt werden, bis keine Vertauschungen mehr stattfinden. Dann hat der Baum die H–Eigenschaft. Das Verfahren ist eine Variante des in Kapitel 6.5 eingeführten "Bubblesort"–Algorithmus für Bäume.

c) Die geforderte Eigenschaft ist *nicht* gleichbedeutend mit der Suchbaum–Eigenschaft! Für einen Suchbaum muß nämlich die viel schärfere Bedingung gelten, daß im linken Unterbaum kein Knoten größer ist als die Wurzel (bzw. im rechten Unterbaum kein Knoten kleiner). Diese Eigenschaft ist weit schwerer durch Umsortieren zu erreichen. Am sinnvollsten ist es hier, den alten Baum elementweise abzubauen und die Elemente nacheinander in einen neuen Suchbaum einzufügen.

Beispiel für einen H–Baum, der kein binärer Suchbaum ist:

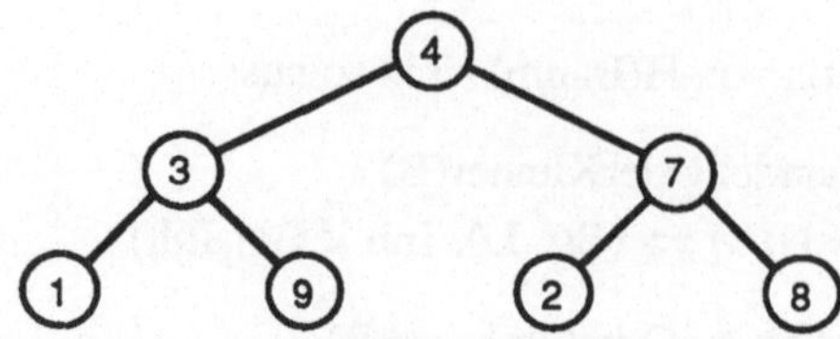

Abb. 6.12   H–Baum ohne Suchbaum–Eigenschaft

Lösung 6–14

a) Bei den folgenden Schlüsseln werden Rotationen notwendig:

    1:   AVL–Bedingung verletzt bei Knoten 8, R–Rotation ($u = 7$, $v = 8$)
  14: AVL–Bedingung verletzt bei Knoten 8, L–Rotation ($u = 12$, $v = 8$)
  10: AVL–Bedingung verletzt bei Knoten 8, RL–Rotation ($u = 11$, $v = 8$, $w = 10$)

Der Baum sieht nach den Einfügungen so aus:

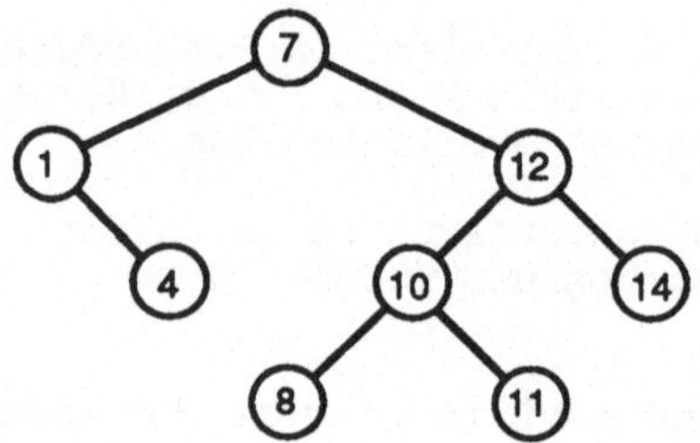

Abb. 6.13   Fertiger AVL–Baum

b) Nach dem Löschen von 14 ist die AVL–Eigenschaft bei Knoten 12 verletzt. Es
muß eine R–Rotation mit $u = 12$ und $v = 10$ durchgeführt werden, was zu folgendem Ergebnis führt:

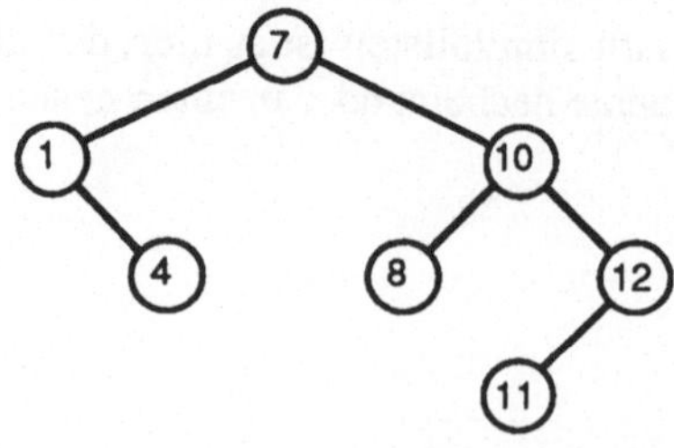

Abb. 6.14   AVL–Baum nach Löschen von 14 und R–Rotation

Lösung 6–15

a,b) Der Baum hat die AVL–Eigenschaft wieder, wenn nach 308, 52, 600, 987, 51
und 4 der Knoten mit dem Schlüssel 222 eingefügt wird. Nach Eingabe des
Knotens 412 ist er wieder vollständig ausgeglichen.

c) Implementierung des Moduls *BinBaum*:

```
MODULE BinBaum;
FROM InOut    IMPORT WriteInt, WriteString, WriteLn;
TYPE BaumT    = POINTER TO BaumRec;
     BaumRec = RECORD
                    Inh: INTEGER;
                    L, R: BaumT;
                END;

VAR  Wurzel   : BaumT;

PROCEDURE BaumAufbauen (VAR B: BaumT);
    ...
END BaumAufbauen;

PROCEDURE BlattSumme (B: BaumT): INTEGER;
BEGIN
  IF B = NIL THEN                              (* leerer Baum *)
    RETURN 0
  ELSE
    WITH B^ DO
      IF (L = NIL) AND (R = NIL) THEN          (* Blatt *)
        RETURN Inh
      ELSE                                     (* nicht Blatt *)
        RETURN BlattSumme (L) + BlattSumme (R)
      END (* IF *);
    END (* WITH *);
  END (* IF *);
END BlattSumme;

BEGIN (* BinBaum *)
  BaumAufbauen (Wurzel);
  WriteString ("Blattsumme =");
  WriteInt (BlattSumme (Wurzel), 8); WriteLn;
END BinBaum.
```

Lösung 6–16

Die Höhe eines AVL–Baums ist sicher von der Ordnung O(log n), so daß die Zahl
der Rekursionsstufen entsprechend begrenzt bleibt. (Es gibt im ganzen Universum
nicht genügend Objekte, um die Höhe eines zu ihrer Speicherung verwendeten AVL–
Baums über die Maßen groß werden zu lassen.)

Lösung 6-17

Die rekursive Definition der Fibonacci–Bäume kann direkt in eine Prozedur übertragen werden, ganz analog zur Berechnung der Fibonacci–Zahlen. Die Numerierung
der Knoten realisieren wir durch eine globale Variable, die bei jedem neuen Knoten
um eins erhöht wird. Es kommt dann nur noch darauf an, die Knoten durch die Rekursion in der richtigen Reihenfolge erzeugen zu lassen.

Wir arbeiten mit den folgenden Deklarationen:

```
TYPE Zeiger = POINTER TO Knoten;
     Knoten = RECORD
                 Nr  : INTEGER;
                 L,R : Zeiger;
                 END (* RECORD *);

VAR  FibBaum         : Zeiger;
     AktuelleNummer : INTEGER; (* wird vom Hauptprogramm *)
                              (* mit 1 initialisiert.   *)
```

Die beiden Prozeduren bekommen jeweils im Parameter h die Höhe des zu erzeu-
genden Baumes übergeben und allozieren in *Baum* einen Zeiger auf die Wurzel des
erzeugten Baumes.

a) Aufbau in Preorder:

```
PROCEDURE FibPreorder( h : INTEGER;
                       VAR Baum : Zeiger );
BEGIN
  IF h = 0 THEN
    Baum := NIL;
  ELSE
    ALLOCATE(Baum, SIZE(Knoten));
    Baum^.Nr := AktuelleNummer; INC(AktuelleNummer);
    IF h = 1 THEN
      Baum^.L := NIL; Baum^.R := NIL;
    ELSE
      FibPreorder(h-2, Baum^.L);
      FibPreorder(h-1, Baum^.R);
    END (* IF *);
  END (* IF *);
END FibPreorder;
```

b) Aufbau in Inorder: Diese Prozedur ist etwas kürzer als die unter (a). Wenn wir
    nämlich FB_{-1} ebenfalls als leeren Baum definieren, können wir uns die
    Sonderbehandlung für $h=1$ sparen. Das wäre natürlich auch unter (a) möglich, ist
    jedoch etwas trickreicher und schwerer verständlich. Wir stellen es darum hier nur
    als Alternative vor.

```
PROCEDURE FibInorder( h : INTEGER;
                      VAR Baum : Zeiger );
BEGIN
  IF h <= 0 THEN
    Baum := NIL;
  ELSE
    ALLOCATE(Baum, SIZE(Knoten));
    FibInorder(h-2, Baum^.L);
    Baum^.Nr := AktuelleNummer; INC(AktuelleNummer);
    FibInorder(h-1, Baum^.R);
  END (* IF *);
END FibInorder;
```

Die Ausgabeprozedur kann zum Beispiel so aussehen: (Der Parameter *Indent* gibt an,
um wieviel Zeichen eingerückt werden muß. Das Hauptprogramm ruft die Prozedur
mit *BaumAusgeben (FibBaum, 0)* auf.)

```
PROCEDURE BaumAusgeben( Baum : Zeiger;
                        Indent : INTEGER );
  VAR i : INTEGER;
BEGIN
  IF Baum # NIL THEN
    BaumAusgeben(Baum^.R,Indent+1);
    FOR i := 1 TO Indent DO
      WriteString("      ");
    END (* FOR *);
    WriteInt(Baum^.Nr,4); WriteLn;
    BaumAusgeben(Baum^.L,Indent+1);
  END (* IF *);
END BaumAusgeben;
```

Diese Prozedur gibt den Baum um 90 Grad gedreht aus, zum Beispiel folgendermaßen (FB$_4$ in Inorder):

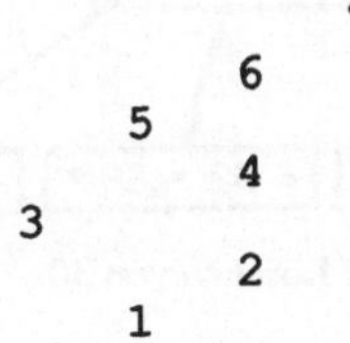

Lösung 6–18

a) Bei den Einfügungen kommt es bei 21, 62 und 78 zu Komplikationen; diese Fälle sind in Abb. 6.15 dargestellt.

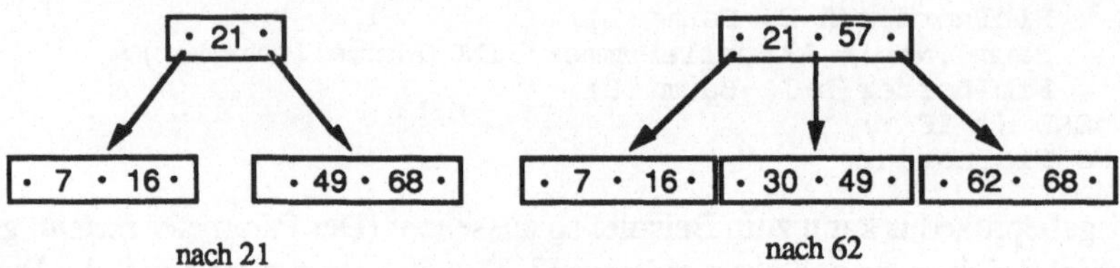

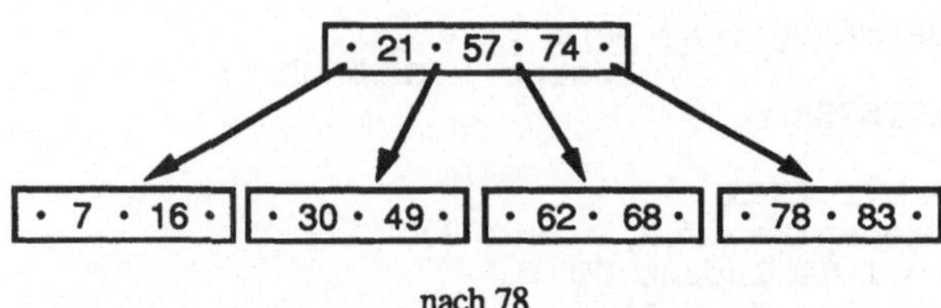

Abb. 6.15   B–Baum während des Einfügens

Nach beiden Löschungen muß der Baum repariert werden. Unter der Annahme, daß zuerst versucht wird auszugleichen und immer der linke Bruder zum Ausgleichen oder Zusammenlegen herangezogen wird, sieht das so aus:

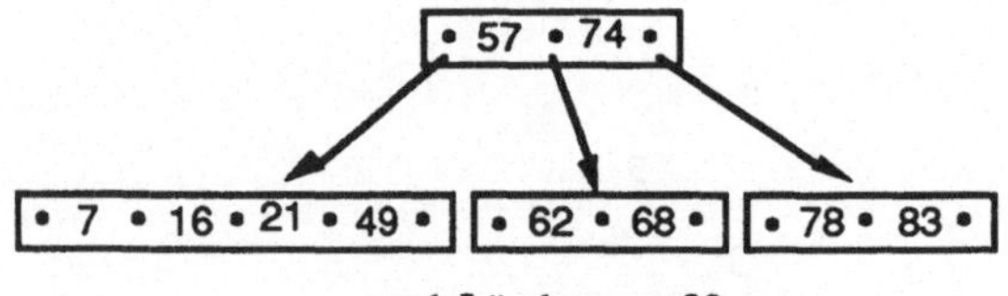

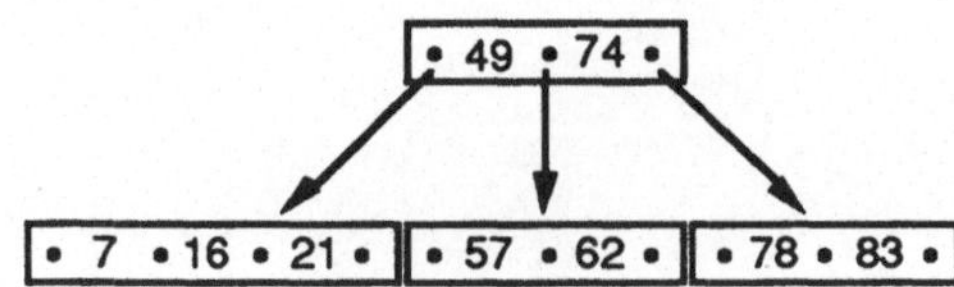

Abb. 6.16   Löschen im B–Baum

b) Beim Aufbau des AVL–Baums werden beim Einfügen der Schlüssel 7, 57, 62
   und 83 Rotationen notwendig, beim Löschen dagegen nicht. Der fertige Baum
   sieht folgendermaßen aus:

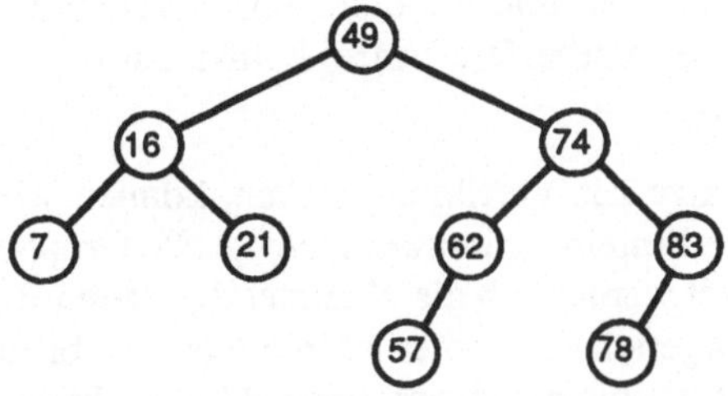

Abb. 6.17   Der fertige AVL–Baum

Es fällt auf, daß beim AVL–Baum mehr Reparaturen während des Einfügens auftreten als beim B–Baum. Da der AVL–Baum im Gegensatz zur 5–Beschränktheit
beim B–Baum nur 2–beschränkt ist, wird der AVL–Baum natürlich höher (bis zu
vier Stufen, im Gegensatz zu nur zwei beim B–Baum).

Diese scheinbaren Nachteile werden jedoch dadurch aufgewogen, daß die Repa-
ratur–Operationen beim AVL–Baum weniger aufwendig sind. Auch das Suchen
geht hier im allgemeinen schneller, da pro Knoten maximal zwei Schlüsselvergleiche gebraucht werden.

Es wäre also voreilig, aufgrund dieses Vergleichs eine der beiden Strukturen für
überlegen zu halten.

Lösung 6–19

Die Funktion

$$h(x_1 x_2 x_3) = |\, nr(x_1) - nr(x_2)\, | \qquad (\text{mit } nr = \text{Buchstabennummer, z.B. ``ORD''})$$

bildet die Flughafen–Codes perfekt in eine Tabelle mit 10 Plätzen ab, die damit zu
100% ausgenutzt ist.

Lösung 6–20

a) Die Dollarzeichen spielen für das Hashing keine Rolle, da sie in jedem Bezeichner
   vorkommen. Für den ersten Buchstaben gibt es 26 Möglichkeiten, für den zweiten
   Buchstaben 27 (gar kein Buchstabe zählt als 27. Möglichkeit); für die erste Ziffer
   10 Möglichkeiten, für die zweite Ziffer analog 11. Eine Tabelle für perfektes
   Hashing müßte demnach $26 \cdot 27 \cdot 10 \cdot 11 = 77220$ Plätze umfassen.

b) Folgende Überlegungen führen zu einer gleichverteilenden Hashfunktion:

Für die Ziffern in einem Bezeichner gibt es genau $10 \cdot 11 = 110$ Möglichkeiten. Wir können also beispielsweise die zweite Ziffer, falls vorhanden, um eins erhöhen, mit 10 multiplizieren und die erste Ziffer dazuaddieren. Auf diese Weise werden alle möglichen Endziffern(paare) kollisionsfrei auf die Werte zwischen 0 und 109 abgebildet.

Da 220 Tabellenplätze zur Verfügung stehen, können wir die Buchstaben noch verwenden, um eine Einteilung in zwei gleichgroße Gruppen zu erhalten. Es kann zum Beispiel getestet werden, ob die Nummer des ersten Buchstabens gerade oder ungerade ist. Bei ungerader Nummer könnte man den bisher erhaltenen Wert um 110 erhöhen. Damit ist eine gleichverteilende Hashfunktion erreicht.

Diese Überlegungen sind ein schöpferischer Ansatz zur Bestimmung einer Hashfunktion. Die gefundene Berechnungsvorschrift arbeitet effizient, denn sie berücksichtigt von vornherein nur soviele Informationen wie nötig. (Der optionale zweite Buchstabe wird zum Beispiel gar nicht erst verwendet.)

Der simplere Ansatz, nämlich aus allen Zeichen eine eindeutige Zahl zwischen 1 und 72220 zu berechnen und diese dann modulo 220 auf den Indexbereich abzubilden, erreicht zwar ebenfalls eine Gleichverteilung, könnte aber aufwendiger zu implementieren sein als die schöpferisch gefundene Lösung. Falls es wirklich derart auf Effizienz ankommt, sollte man auf jeden Fall genaue Zeitmessungen durchführen.

Lösung 6–21

a,b) Syntaktische Fehler sind *kursiv*, semantische **fett** am rechten Rand notiert.

```
IMPLEMENTATION MODULE Test;
FROM AndMod  IMPORT ContType, KeyType, Trans;
                            ALLOCATE wird nicht importiert
CONST TabLng = 192;
TYPE  IndTyp = [1..TabLng];
TYPE  ChainType  = POINTER TO TabEintrag;
      TabEintrag = RECORD
                    Key      : KeyType;
                    Content  : ContType;
                    Next     : ChainType
                  END (* RECORD *);
VAR   Tab : ARRAY IndTyp OF ChainType;

PROCEDURE Eintragen (Schluessel: KeyType; Inhalt: ContType;
                     VAR OK: BOOLEAN);
(* liefert OK = TRUE genau dann, wenn Eintrag erfolgt ist *)
   PROCEDURE Check (Liste : ChainType);    Liste muß VAR-Par sein
   BEGIN;                                  ";" unschön, aber nicht falsch
```

```
      IF Liste = NIL THEN
        ALLOCATE (Liste, SIZE (ChainType));        TabEintrag allozieren
        WITH Liste^ DO
          Key := Schluessel; Content := Inhalt; Next := NIL
        END (* WITH *);                            OK := TRUE fehlt
      ELSIF Liste^.Key = Schluessel THEN
        OK := FALSE
      ELSE
        Check (Next)                               Next muß qualifiziert sein
      END (* IF *)
    END Check;
  BEGIN
    Check (Tab [Trans (Schluessel)])
  END Eintragen;

  PROCEDURE Suchen (Schluessel: KeyType;
                    VAR Inhalt: ContType; VAR OK: BOOLEAN);
  BEGIN
    (* noch nicht implementiert *)
  END Suchen;

  BEGIN                                            Index ist nicht deklariert
    FOR Index := 1 TO TabLng DO Tab [Index] := NIL END
  END Test;                                        Punkt anstatt Semikolon
```

c) 95% aller Fälle erfordern konstanten Aufwand.

Die restlichen 5% aller Fälle erfordern jeweils einen steigenden Aufwand. Im
Schnitt enthält die Kette nach $20k$ Einträgen k Elemente in einer einzigen Liste,
deren Aufbau einen Aufwand von der Ordnung k^2 verursacht ($\sum_{i=1}^{k} i = \frac{k(k+1)}{2}$).

Folglich ist der Aufwand hier von O (n^2) für alle Einträge zusammen, pro Eintrag
also linear. Es ist in diesem Zusammenhang gleichgültig, ob in 1% oder in 100%
der Fälle quadratischer Aufwand entsteht!

Lösung 6–22

Die beste denkbare Hashfunktion würde eine statistische Gleichverteilung der Primärindices im Bereich von 1 bis N erzielen. Wir nehmen nun an, wir hätten eine solche
Hashfunktion, und versuchen, den zu erwartenden Füllungsgrad der Tabelle abzu-
schätzen.

Sei k_i die Anzahl der Elemente, die nach der i–ten Einfügung unter ihrem Primärindex
abgespeichert sind. Die Wahrscheinlichkeit, daß es beim Einfügen des i–ten Elementes zu einer Kollision kommt, sei p_i. Sie ist offensichtlich gleich dem bis dahin
erreichten Füllungsgrad der Tabelle:

$$p_i = \frac{k_{i-1}}{N}.$$

Nach dem Einfügen des i-ten Elementes ist $k_i = k_{i-1} + 1$, falls es zu keiner Kollision gekommen ist, oder aber $k_i = k_{i-1}$, falls eine Kollision stattfand. Im Mittel wird also gelten:

$$k_i = k_{i-1} + (1 - p_i) \, .$$

Der zu erwartende Füllungsgrad nach N Einfügungen ist damit:

$$F_N = \frac{k_N}{N} \, .$$

Die so erhaltene Formel läßt sich zum Beispiel in eine kleine MODULA–2–Prozedur übertragen[1]:

```
PROCEDURE Fuellungsgrad(): REAL;
  VAR K,P: REAL; i: INTEGER;
BEGIN
  K := 0.0;
  FOR i := 1 TO N DO
    P := K/FLOAT (N);
    K := K + 1.0 - P;
  END (* FOR *);
  RETURN K/FLOAT (N)
END Fuellungsgrad;
```

Wir erhalten für große N:

$$F_N \approx 0.63 \, .$$

Es ist also auch bei einer idealen Hashfunktion mit über 5.000 Kollisionen zu rechnen.

Lösung 6–23

a) Das Modul arbeitet folgendermaßen: In der Funktionsprozedur Platz wird in Einzelschritten gesucht, bis ein Element der Hashtabelle gefunden ist, das den Wert NIL oder (unter dem dort abgelegten Zeiger) den fraglichen Schlüssel enthält. Die Speicherung erfolgt also auf der Halde, Kollisionen werden intern aufgelöst, und zwar durch eine simple sequentielle Suche.

---

[1]Ein Mathematiker (und ein guter Informatiker) wird hier natürlich keinen Rechner benötigen. Der interessierte Leser versuche zu zeigen, daß

$$\lim_{N \to \infty} F_N = 1 - \frac{1}{e} \, .$$

Man beachte auch die Analogie zum Aufladen eines Kondensators!

Offenbar fehlt die Realisierung von Loeschen und die Initialisierung. Die Prozedur Loeschen ermittelt mit Platz den Index und stellt fest, ob das betreffende Element nicht NIL ist (sonst enthält die Tabelle das zu löschende Element nicht). Das Element wird freigegeben, der Zeiger wird NIL.

Anschließend müssen alle nachfolgend gespeicherten Elemente bis zur ersten Lücke (NIL) überprüft und eventuell neu eingespeichert werden, denn es könnte sein, daß sie eigentlich auf einen jetzt frei gewordenen Platz gehören. Damit ergibt sich der unter (b) gezeigte Algorithmus (in dem der Einfachheit halber *alle* fraglichen Elemente neu eingeordnet werden, also u.U. wieder am selben Platz).

Die Initialisierung ist ebenfalls zu ergänzen, natürlich müssen alle Elemente der leeren Tabelle auf NIL gesetzt werden.

b) Der fehlende Abschnitt kann beispielsweise lauten:

```
PROCEDURE Loeschen  (Key: KeyTyp; VAR OK: BOOLEAN);
  VAR AktIndex : IndTyp;
      Hilf     : Zeiger;
BEGIN
  AktIndex := Platz (Key);                       (* Eintrag suchen *)
  OK := Tab [AktIndex] # NIL;
  IF OK THEN                                   (* Eintrag gefunden *)
    Stand := Stand - 1;
    DEALLOCATE (Tab[AktIndex], SIZE (Elem));
    Tab[AktIndex] := NIL;
    LOOP            (* Inspektion bis zum 1. freien Platz *)
      AktIndex := (AktIndex + 1) MOD TabLng;
      IF Tab [AktIndex] = NIL THEN EXIT END;
      Hilf := Tab [AktIndex];        (* Verschiebekandidaten...*)
      Tab [AktIndex] := NIL;(*...aus Tabelle herausnehmen...*)
      Tab [Platz (Hilf^.K)] := Hilf;(*...und neu einordnen, *)
                             (* ...eventuell am selben Ort. *)
    END (* LOOP *);
  END (* IF *);
END Loeschen;


  VAR i: IndTyp;


BEGIN  (* Hashtabelle initialisieren *)
  FOR i := MIN (IndTyp) TO MAX (IndTyp) DO Tab [i] := NIL END;
  Stand := 0;
END HashTab.
```

Lösung 6–24

a,b) Syntaktische Fehler sind *kursiv*, semantische **fett** an den rechten Rand gedruckt.
Die Zeilen 8, 11, 12 enthalten jeweils ein Semikolon an Stellen, wo dies nicht
erforderlich oder (in Zeile 8) sogar stilistisch schlecht ist. Es ist aber nicht falsch.

```
(* 1*)  PROCEDURE BinaerEinfuegen;
(* 2*)   VAR i, j, Mitte, L, R : IndexTyp;
(* 3*)       Zwischenspeicher  : ElementTyp;
(* 4*)  BEGIN
(* 5*)     FOR i := 2 TO MaxIndex-1 DO              "–1" ist falsch
(* 6*)       Zwischenspeicher = Sortierfeld [i];        := statt =
(* 7*)       L := 1; R := i
(* 8*)       WHILE L <= R DO;               muß heißen: < statt ≤
(* 9*)         Mitte := L + R DIV 2;        Klammern um L+R fehlen
(*10*)         IF Sortierfeld [Mitte] <= Zwischenspeicher;
                                                  Semikolon falsch!
(*11*)           THEN L := Mitte;           "+1" fehlt am Ende
(*12*)           ELSE R := Mitte;
(*13*)         END;                              "END (* IF *)" fehlt
(*14*)         FOR j := i TO R + 1 DO              "BY –1" fehlt
(*15*)           Sortierfeld [j] := Sortierfeld [j-1];
(*16*)         END                              Semikolon fehlt
(*17*)         Sortierfeld [R] := Zwischenspeicher
(*18*)     END
(*19*)  END;                        Name BinaerEinfuegen  am Schluß fehlt
```

Lösung 6–25

Mit n = *FeldLng* gilt:

a) Direktes Aussuchen: $O(n^2)$ (Vorsortierung ohne Einfluß)

b) Direktes Einfügen: $O(n)$ (Jedes 2. Elem. wird zwei Plätze verschoben)

c) Bubblesort $O(n)$ (Jedes 2. Element wird einmal vertauscht)

d) Heap Sort $O(n \log n)$ (Vorsortierung ohne Einfluß)

e) Quicksort $O(n \log n)$ (Vorsortierung ohne entscheidenden Einfluß)

Lösung 6–26

Einfache Sortierverfahren sind vorzuziehen,

- wenn die Zahl der zu sortierenden Werte klein ist (typisch < 30),
- wenn man "rasch mal etwas sortieren" muß (d.h. Implementierung für den einmaligen Gebrauch),
- wenn Stabilität gewährleistet werden muß.

Lösung 6–27

Nein, Quicksort benötigt für die Rekursion noch mindestens $O(\log n)$ Speicherplätze im Keller. Heapsort kann dagegen auch iterativ (und ohne selbstgebauten Keller) implementiert werden.

Lösung 6–28

a) Kleinstes Element irgendwo in der Mitte:

Direktes Aussuchen: ununterbrochene Vertauschungen bis zum kleinsten Element, ab da nur noch Suchaufwand

Direktes und *Binäres Einfügen:* bis zum kleinsten Element nur Suchaufwand, dann eine Einfügung mit Verschieben aller Elemente bis zu dieser Stelle, bis zum Ende wieder nur Suche

b) Größtes Element irgendwo in der Mitte:

Direktes Aussuchen: bis zum größten Element nur Suchaufwand, dann eine Elementvertauschung, bis zum Ende wieder nur Suche

Direktes und *Binäres Einfügen:* bis zum größten Element nur Suchaufwand, von dort an ununterbrochene Elementvertauschungen

c) Einmal abheben:

Direktes Aussuchen: Aufwand wie bei unsortiertem Feld

Direktes und *Binäres Einfügen:* bis zum Bruch nur Suchaufwand, von dort an ununterbrochene Elementvertauschungen.

d) "Slice Operations" verbessern Direktes und Binäres Einfügen ($M \cong O(n)$). Sie haben keinen Einfluß auf Direktes Aussuchen.

Lösung 6–29

a1, a2) Algorithmus läuft genauso wie im Feld, also Aufwand gleicher Ordnung, denn die Elemente werden jeweils sequentiell bearbeitet.

a3) Wahlfreie Zugriffe auf die Elemente erfordern jeweils Positionieren mit Aufwand der Ordnung n. Rückwärts Durchlaufen erfordert Aufwand der Ordnung n^2. Daher kann Quicksort nicht mehr mit Aufwand $n \log n$ arbeiten.

b, c)

```
    PROCEDURE Sort (Anker: Zeiger);
      VAR getauscht : BOOLEAN;

      PROCEDURE Tausch (VAR Element: Zeiger);
        (* Tausch vertauscht Element in der Liste mit dem
           nachfolgenden Element, so dass die Liste bis auf die
           Reihenfolge dieser zwei Elemente unveraendert bleibt.
           Nachfolger muss sicher existieren.
           Zeiger Element weist anschliessend auf das frühere
           Nachfolger-, jetzt Vorgaenger-Element. *)
        VAR Hilf: Zeiger;
      BEGIN
        Hilf            := Element;
        Element         := Element^. Next;
        Hilf^. Next     := Element^. Next;
        Element^. Next := Hilf;
      END Tausch;

      VAR AktElement : Zeiger;

    BEGIN (* Sort *)
      IF Anker # NIL THEN
        REPEAT
          getauscht := FALSE;
          AktElement := Anker;
          WHILE AktElement^.Next # NIL DO
            IF AktElement^.Key > AktElement^.Next^.Key THEN
              Tausch (AktElement);
              getauscht := TRUE;
            END (* IF *);
            AktElement := AktElement^.Next;
          END (* WHILE *);
        UNTIL NOT getauscht;
      END (* IF *);
    END Sort;
```

Lösung 6-30

a) Die Belegung des Feldes ist einfach:

```
    FROM ZufallsModul IMPORT ZufallsZahl;
    ...
    PROCEDURE Init;
      VAR i, j : INTEGER;
    BEGIN
      FOR i := 0 TO N-1 DO
        FOR j := 0 TO M-1 DO
          m[i, j] := ZufallsZahl ()
        END (* FOR *);
      END (* FOR *);
    END Init;
```

b) Die Vorsortierung geschieht durch Abwandlung des Bubblesort–Algorithmus. Die
   Matrix wird dabei Zeile für Zeile durchlaufen, und dabei wird jedes Element mit
   seinem oberen und seinem linken Nachbarn verglichen (die Reihenfolge ist
   wichtig!). Falls die Ordnung verletzt ist, wird getauscht (siehe Bild).

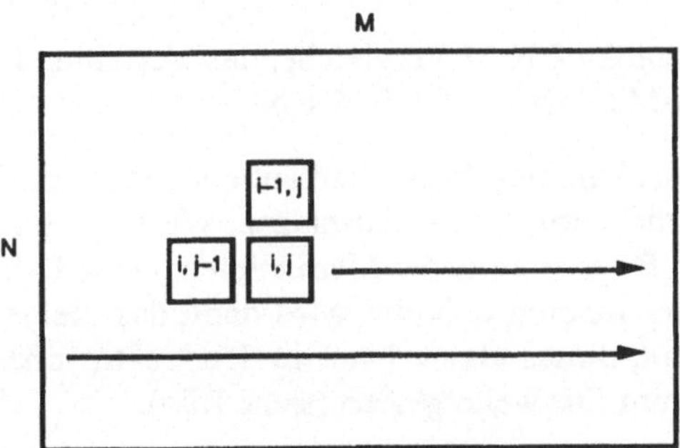

Abb. 6.18   Ablauf der Vorsortierung (die Pfeile geben die Laufrichtung an)

Dieser Vorgang wird solange wiederholt, bis keine Vertauschung mehr stattfindet.
In der Implementierung sieht das Verfahren so aus:

```
PROCEDURE PreSort;

   VAR i, j: INTEGER; getauscht: BOOLEAN;

   PROCEDURE Tausch (i1,j1,i2,j2: INTEGER);
   (* vertauscht die Elemente m[i1,j1] und m[i2,j2] *)
     VAR t: INTEGER;
   BEGIN
     t := m[i1,j1]; m[i1,j1] := m[i2,j2]; m[i2,j2] := t;
   END Tausch;

BEGIN
  REPEAT
    getauscht := FALSE;
    FOR i := 0 TO N-1 DO
      FOR j := 0 TO M-1 DO
        (* zuerst in Spalte vergleichen *)
        IF (i>0) AND (m[i-1, j] > m[i, j]) THEN
          Tausch(i,j, i-1,j); getauscht := TRUE;
        END (* IF *);
        (* dann in Zeile vergleichen *)
        IF (j>0) AND (m[i, j-1] > m[i, j]) THEN
          Tausch(i,j, i,j-1); getauscht := TRUE;
        END (* IF *);
      END (* FOR *);
    END (* FOR *);
  UNTIL NOT getauscht;
END PreSort;
```

Aufwandsabschätzung: Nach dem ersten Durchlauf durch die Matrix befinden sich in der untersten Zeile die größten M Elemente, nach dem zweiten Durchlauf in der zweitletzten Spalte die M nächstkleineren, usw. Nach spätestens N−1 Durchläufen stehen also die Zeileninhalte fest. Dann sind noch maximal M−1 Durchläufe erforderlich , um die Spalten in die richtige Reihenfolge zu bringen.

Jeder Durchlauf enthält 2·N·M Vergleiche, das Verfahren ist also insgesamt von der Ordnung $O(N·M·(N+M)) = O(N^2M + NM^2)$.

c) Wir führen eine Art Direktes Aussuchen auf der Matrix durch, das wir beschleunigen, indem wir die Vorsortierung ausnutzen. Wir legen uns dazu ein Feld von N Spaltenindices an, für jede Zeile der Matrix einen. Diese Indices stehen zu Beginn alle auf 0. In einer inneren Schleife wird dann das kleinste der so indizierten Elemente bestimmt, dieses als nächstes in den Vektor übertragen, und der entsprechende Index um eins weitergesetzt (siehe Bild).

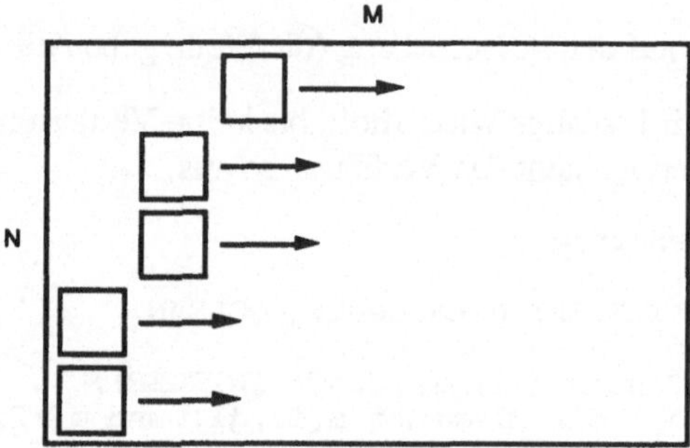

Abb. 6.19   Aussuchen der Matrixelemente

Der Code für diesen Algorithmus sieht so aus:

```
PROCEDURE MergeSort;
  VAR IndexInZeile        : ARRAY [0..N-1] OF INTEGER;
      vindex, i,
      MinElement, MinIndex: INTEGER;
BEGIN
  (* Indexfeld initialisieren *)
  FOR i := 0 TO N-1 DO IndexInZeile[i] := 0; END;

  FOR vindex := 0 TO N*M-1 DO
    MinElement := MAX(INTEGER); MinIndex := 0;
    FOR i := 0 TO N-1 DO
      IF (IndexInZeile[i] < M) AND
         (m[i,IndexInZeile[i]] < MinElement) THEN
        MinElement := m[i,IndexInZeile[i]];
        MinIndex := i;
      END (* IF *);
    END (* FOR *);
```

```
      v[vindex] := MinElement;
      INC(IndexInZeile[MinIndex]);
    END (* FOR *);
  END MergeSort;
```

Aufwandsabschätzung: Die äußere Schleife wird N·M–mal durchlaufen (einmal für jedes Feldelement), die innere Schleife höchstens N–mal, also ist der Aufwand von der Ordnung $O(N^2M)$.

d) Direktes Aussuchen auf der Matrix wäre von der Ordnung $O(N^2M^2)$, denn man müßte N·M–mal eine Schleife über alle Matrixelemente (N·M) laufen lassen. Die Algorithmen aus (b) und (c) haben zusammen einen Aufwand $O(2N^2M + NM^2)$. Nimmt man an, daß N und M gleich oder zumindest proportional sind, dann haben wir beim Direkten Aussuchen einen Aufwand der *vierten* Potenz, der durch die hier vorgestellte Lösung vermieden wird. Bei sehr großen Matrizen kann sich das durchaus lohnen. (Allerdings wäre Kopieren in Verbindung mit Quicksort oder Heapsort noch effizienter ($O(n^2 \log (n^2)) = O(n^2 \log n)$)).

Lösung 6–32[1]

Best–fit versagt gegenüber *first–fit* zum Beispiel, falls nacheinander Blöcke mit den Größen 1000, 1100 und 250 angefordert werden. Die folgende Tabelle zeigt, was passiert:

Anforderung	Freier Platz nach "first–fit"	Freier Platz nach "best–fit"
—	1300, 1200	1300, 1200
1000	300, 1200	1300, 200
1100	300, 100	200, 200
250	50, 100	—

Andererseits wäre bei den Anforderungen 1000, 1300 offenbar *best–fit* überlegen!

---

[1]nach Donald Knuth: "The Art of Computer Programming", Volume 1, Second Edition, Addison–Wesley, Reading 1973. (S. 437)

Aufgabentabelle

Diese Tabelle enthält sämtliche Aufgaben des Buches, sortiert nach den Abschnitten des Skriptums, auf die sie sich beziehen. Die Nummer einer Aufgabe ist **fett** gedruckt, wenn der entsprechende Abschnitt ihr Hauptthema ist, ansonsten ist die Nummer normal gedruckt.

Abschnitt			Nr.	Themengebiete
1	1.1	1.1.1	**1–1**	Algorithmus (Entwurf)
			1–2	Algorithmus (Begriff)
		1.1.2	**1–3**	Turingmaschine (Bestandteile)
			1–4	Turingmaschine (Programm)
			1–5	Turingmaschine (Programm)
			1–6	Turingmaschine (Programmanalyse)
		1.1.3	**1–7**	Berechenbarkeit
	1.2	1.2.1	**1–8**	formale Sprachen
			1–9	Syntax, Semantik
			2–2	EBNF, Sprachen, Grammatik
		1.2.2	**1–10**	Grammatik (Konstruktion)
			1–11	Grammatik (Analyse), Sprache
			1–12	Grammatik (Analyse)
			1–13	Sprache (Analyse)
			2–2	EBNF, Sprachen, Grammatik
	1.3	1.3.1	**1–14**	Speicher, Hardware
		1.3.2	**1–15**	Interpreter, Übersetzer (Begriffe)
	1.4		**1–16**	Informatik als Wissenschaft
2	2.1		**2–1**	Syntaxdiagramm (Konstruktion)
			2–2	EBNF, Sprachen, Grammatik
			2–3	Syntaxdiagramm, EBNF (Analyse, Konstruktion)
			2–4	Syntaxdiagramm (Konstruktion)
			2–5	Syntaxdiagramm, EBNF (Analyse, Konstruktion)
			2–6	Syntaxdiagramm, BNF
			2–12	Syntaxdiagramm, IF
	2.2	2.2.1	**2–7**	Modula–2 Syntax
			2–8	Modula–2 Syntax, Sprache
			2–9	Ausdrücke (expressions)
			2–18	elementare Datentypen (Bereichsgrenzen)
		2.2.2	**2–10**	CASE, Variablen
			2–11	IF, CASE
			2–12	IF, Syntaxdiagramm

	(2.4.4)	2–45	Zeiger, Kellerspeicher
		2–46	Zeiger, Records, Rekursion, Graphen
		2–47	Zeiger, Iteration
	2.4.5	2–48	Dateien
		2–49	Dateien, Speicherverwaltung, Felder
3	3.1	3–1	Abstraktion
		3–2	Abstraktion
	3.2	3–8	ADT, Datenkapselung
	3.2.1	3–3	Modularisierung
	3.2.2	3–3	Modularisierung
	3.2.3	3–4	Datenkapselung, Modularisierung
	3.2.4	3–5	ADT
		3–6	ADT, Records, Felder
		3–7	ADT, Zeiger
4 4.1	4.1.2	4–1	Denotationale Semantik
	4.1.3	4–2	operationale Semantik (MINI)
		4–3	operationale Semantik (MINI)
4.2	4.2.1	4–4	Schwächste Vorbedingung (wp)
		4–5	Schwächste Vorbedingung
	4.2.2	4–6	Semantikdefinition, Schwächste Vorbedingung, CASE
		4–7	Verifikation, Schwächste Vorbedingung
		4–8	Verifikation, Schwächste Vorbedingung
	4.2.3	4–9	Verifikation (partielle Korrektheit)
	4.2.4	4–10	Invariante
		4–11	Verifikation, Invariante (Induktion)
	4.2.5	4–12	Invariante, Schleifenkonstruktion
4.3		4–14	Testen, Fehleranalyse, Dateien
	4.3.3	4–13	Testen, Überdeckung
5		5–1	Programmierparadigmen
		5–2	Programmierparadigmen, universelle Prog.sprache
		5–3	Programmierparadigmen
		5–4	Programmierparadigmen, alte Programmiersprachen
6 6.1		6–1	Aufwandsabschätzung
		6–2	Aufwandsabschätzung, Rekursion
		6–9	Suchen (binär/linear), Aufwandsabschätzung
		6–10	Suchen (Tabellensuche), Aufwandsabschätzung
		6–21	Hashing, Fehleranalyse, Aufwandsabschätzung
6.2	6.2.1	6–3	Graphen (Begriffe)
		6–4	Graphen (Konstruktion)
		6–5	Graphen (Probleme)
	6.2.2	6–6	Bäume (Begriffe)
		6–7	Bäume (binäre), Baumdurchläufe, Rekursion
		6–8	Bäume (Darstellungen)

6.3	6.3.1	**6–9**	Suchen (binär/linear), Aufwandsabschätzung
		6–10	Suchen (Tabellensuche), Aufwandsabschätzung
	6.3.2	**6–11**	Suchen (Stringsuche), BM, KMP, Aufwandsabsch.
		6–12	Suchen (Stringsuche), BM
6.4	6.4.1.1	**6–13**	Bäume (binäre/Heap–), Logik, Rekursion
	6.4.1.2	**6–14**	Bäume (AVL–)
		6–15	binäre Suchbäume (Begriffe), Rekursion
		6–16	Bäume (AVL–), Rekursion
		6–17	Bäume (Fibonacci–), Baumdurchläufe, Rekursion
	6.4.1.4	**6–18**	Bäume (AVL–/B–)
	6.4.2	**6–19**	Hashing (perfektes)
		6–20	Hashing (perfektes)
		6–21	Hashing, Fehleranalyse, Aufwandsabschätzung
		6–22	Hashing (Kollisionen), Aufwandsabschätzung
		6–23	Hashing (Kollisionen, Löschen), Programmanalyse
6.5		**6–29**	Sortieren, Aufwandsabschätzung
		6–30	Sortieren (Matrix)
	6.5.1	**6–26**	Sortieren (einfache vs. schnelle Verfahren)
	6.5.2	**6–24**	Sortieren (binäres Einfügen), Programmanalyse
		6–25	Sortieren, Aufwandsabschätzung
		6–27	Sortieren (in–situ)
		6–28	Sortieren (Einfügen/Austauschen)
6.6	6.6.1	**6–31**	Speicherverwaltung
		2–49	Dateien, Speicherverwaltung, Felder

Index

Dieser Index gibt Aufgabennummern zu ausgewählten Stichworten an. Zu manchen Themen können weitere Referenzen in der Aufgabentabelle gefunden werden; es steht dann jeweils in kursiver Schrift der Abschnitt, unter dem nachgeschaut werden muß (z.B. *1.2.1*).